환경오염시설 통합관리

에듀컨텐츠·휴피아
Educontents·Huepia

【 목 차 】

제1장 통합환경관리 개요 ·· 3
   1.1 통합환경관리 소개 ··· 5
   1.2 최적가용기법 ·· 7
   1.3 최적가용기법 기반 배출 허가 시스템 ······················· 13
   1.4 배출영향분석 ·· 17

제2장 국내 통합환경관리제도 ·· 21
   2.1 환경오염시설의 통합관리에 관한 법률 ···················· 23
   2.2 통합환경관리 지침서 ·· 128
   2.3 통합환경허가시스템 ·· 134

제3장 최적가용기법 선정 및 허가배출기준 결정 ··················· 143
   3.1 기술작업반 ·· 145
   3.2 환경 범위 설정 ·· 147
   3.3 최적가용기법 선정을 위한 자료 수집 ······················ 149
   3.4 최적가용기법 선정 기준 ·· 153
   3.5 최적가용기법 연계 배출수준 및 환경성과수준 선정 ··········· 156
   3.6 최적가용기법 개정 ·· 164
   3.7 최적가용기법 기반 허가배출기준 ······························ 166

참고문헌 ·· 173

에듀컨텐츠·휴피아
CH Educontents·Huepia

환경오염시설 통합관리

김 상 현 著
(연세대학교 교수)

제1장

통합환경관리 개요

1.1 통합환경관리 소개

1.2 최적가용기법

1.3 최적가용기법 기반 배출 허가 시스템

1.4 배출영향분석

에듀컨텐츠·휴피아
Educontents·Huepia

1.1 통합환경관리 소개

통합환경관리(integrated pollution prevention and control)는 사업장의 오염물질 배출시설을 대기, 수질 등 매체별로 관리하던 기존 방식에서 벗어나, 하나의 사업장 단위로 허가를 받고 통합적으로 관리하는 환경관리 방식을 의미한다. 과학과 합의에 근거한 선진적인 환경관리방식인 통합환경관리는 매체 개별적으로 관리하던 기존 정책의 비효율성과 비경제성을 인지한 선진 산업국가를 필두로, 현재 많은 국가에서 통합환경관리의 개념을 산업체 관련 오염시설 관리에 적용하고 있다. 우리나라도 2015년에 '환경오염시설의 통합관리에 관한 법률'을 제정하고, 2017년 1월부터 통합환경관리제도의 적용을 시작하고, 순차적으로 업종의 대상과 범위를 확대하고 있다.

유럽연합(EU)의 경우 1996년 9월 통합환경관리지침(IPPC Directive, Integrated Pollution Prevention and Control Directive)을 제정하였다. 이후 해당 지침은 기후변화 사안 등을 고려하여 여러 차례 개정되었고, 2008년 개정된 지침을 토대로 산업별로 시행하던 '대형연소시설지침', '폐기물소각지침', 'VOC 솔벤트지침', '이산화티타늄지침'을 통합한 산업시설의 통합오염예방 및 관리에 관한 유럽연합지침(IED, Directive 2010/75/EU on industrial Emissions)을 2010년에 제정하여, 본격적으로 통합환경관리제도를 집행하고 있다. IED는 배출영향평가를 통한 산업 활동의 전반적인 환경영향 분석을 위한 통합적 접근, BREF(BAT REFerence document)라는 정보 교환을 통한 선진화된 환경관리를 위한 최적가용기법(Best available technique, BAT) 적용, 사업장의 산업 특성, 지리, 환경 여건 등을 고려한 유연한 배출한계값 적용, 인허가 절차에 대한 정보 공개를 통한 공공참여 기회 제공, 주기적인 현장방문을 통한 시설 환경 적정성 검사라는 허가 원칙을 제시하고 있으며, 이러한 요소들은 우리나라를 포함한 다양한 국가에서 통합환경관리를 적용하는데 활용되고 있다.

기존 매체별 관리방식 대비 통합환경관리의 잠재적 장점은 다음과 같다.

1) 매체 간 오염 떠돌이 현상(폐수처리 시 폐기물 발생, 폐기물 처리 시 대기, 토양 오염 등으로 오염물질이 전달되는 현상)을 차단하기 용이하다.
2) 매체별 허가에 필요한 복잡한 절차와 불필요한 행정비용 지출을 줄일 수 있다.
3) 최적가용기법 기준서를 통해 환경기술의 발전을 반영한 합리적인 오염 배출 규제가 가능하다.
4) 배출영향분석에 기반하여 업종별, 사업장별로 차등화된 배출 기준 설정을 통해 환경개선 효과를 효율적으로 달성할 수 있다.

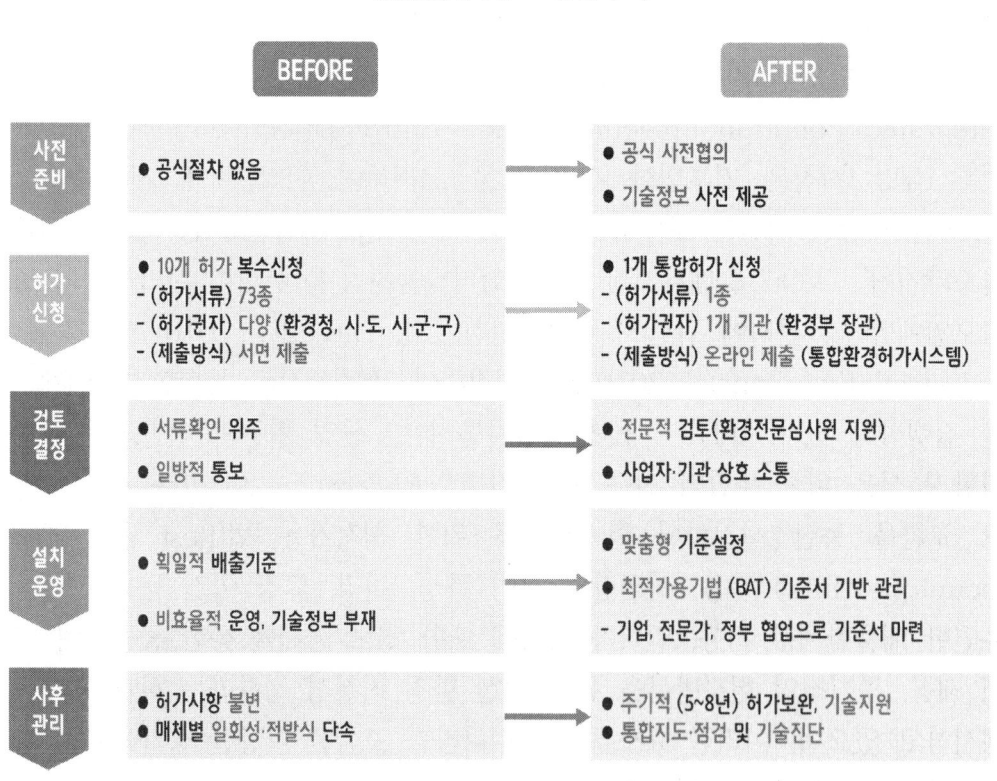

<그림 1.1> 통합환경관리제도 도입 전·후 비교

1.2 최적가용기법

최적가용기법(BAT, Best Available Techniques)는 오염물질 배출을 효과적으로 저감할 수 있고 현재 기술, 경제적으로 적용 가능한 환경관리 기법군의 총칭이다. IED에서는 BAT를 오염방지 기술 및 운영에 있어 가장 효과적이고 진보된 단계로서, 허가배출기준(ELV, Emission Limit Value)과 이를 달성하기 위해 설계된 기타 허가 조건의 근거를 제공하고, 만약 달성 불가능한 경우 전체적으로 배출 및 환경에 미치는 영향을 줄이기 위한 특정 기법의 실현 가능한 적합성을 의미한다"고 정의한다. '기법'에는 기술과 설비가 설계, 구축, 유지, 운영 및 폐기되는 방식을 모두 포함한다. '이용 가능한 기법'이란 운영자가 합리적으로 접근할 수 있는 한, 해당 회원국 내에서 기술을 사용하거나 생산하는지 여부에 관계없이 비용과 이점을 고려하여 경제적 및 기술적으로 실행 가능한 조건에서 관련 산업 업종에서 구현할 수 있는 규모로 개발된 기술을 말한다. '최적'은 환경 전체를 전반적으로 높은 수준으로 보호하는데 가장 효과적임을 의미한다.

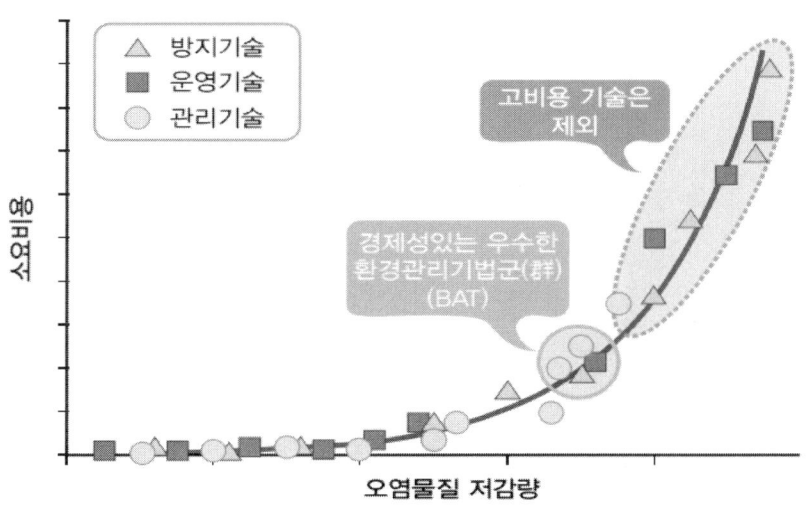

〈그림 1.2〉 최적가용기법 개념

점점 더 많은 정부들이 산업 설비에 대한 환경 허가에 있어 기술에 근거한 허가배출기준 및 기타 조건을 정의하고 설정하기 위한 수단으로 BAT 또는 유사한 개념을 사용하고 있다. BAT를 사용하면 기술-경제적 근거에 뿌리를 두고 참여적 접근법에 근거한 허가 조건을 확립할 수 있어 높은 수준의 인간 보건과 환경 보호를 달성할 수 있다. BAT 기반 허가 조건에는 ELV, 기술 및 관리 요구사항, 배출, 소비 및 폐기물 발생과 관련된 모니터링 요건이 포함될 수 있다.

유럽연합은 최적가용기법 평가·선정을 통해 최적가용기법 기준서(BREF)에 기술되는 최적가용기법 결정문인(BACT, BAT-Economically achievable Conclusion)을 도출하여 기재한다. 이때 결정되는 최적가용기법은 후보 기술선정, 물질/에너지 수지 평가, 영향평가, 최종결정 과정을 거치며 최종적으로는 전문가로 이루어진 최적가용기법 기술작업반(TWG) 검토 후에 이를 평가하여 매체통합적으로 선정된다. 이는 아래 그림 1.3과 같은 순서도로 요약할 수 있다.

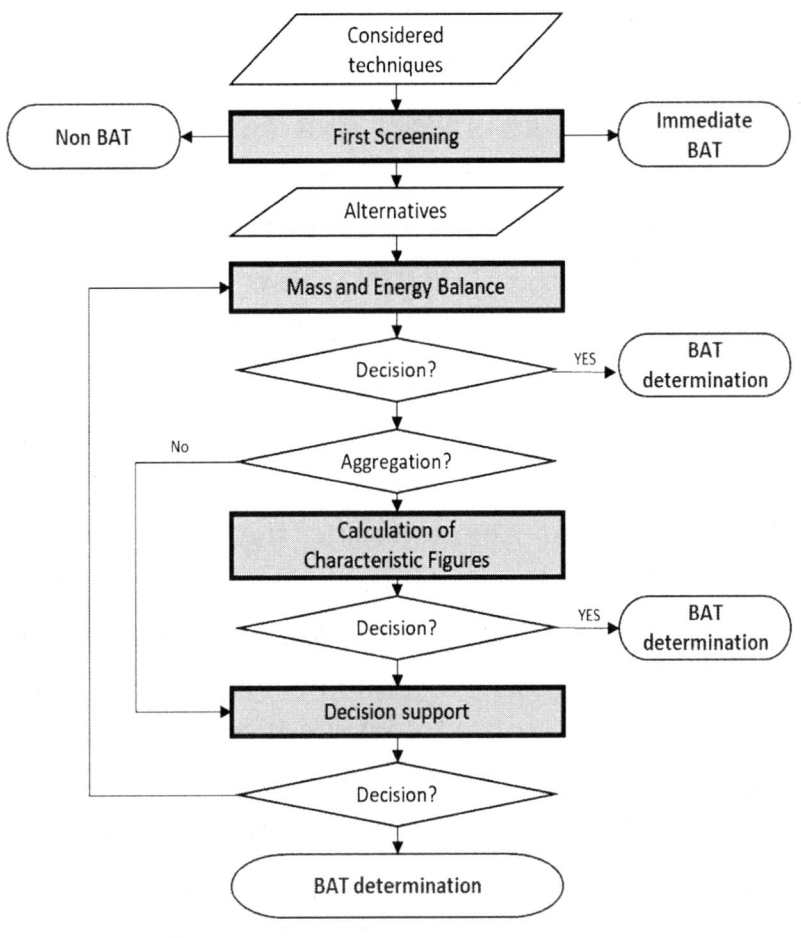

Process	Details
First Screening	• Selection of scenarios • Setting of system boundaries
Mass and Energy Balance	• Data collection • Modelling of relevant mass and energy flows
Calculation of Characteristic Figures	• Calculation of technical and economic characteristic figures • Calculation of impact potentials and critical volumes for ecological evaluation
Decision support	• Data editing • Weighting of the criteria • Multicriteria decision aid • Sensitivity analysis

〈그림 1.3〉 유럽연합의 최적가용기법 선정 순서도 및 세부내용

최적가용기법 후보로 선정될 수 있는 후보기술을 선정하는 First screening 단계에서는 이용될 원료, 공정 설계, 공정 제어, 공정 관리 방법, 비기술법 방법, 사후관리기술과 같은 부분에 대한 조사가 진행되며, 해당 기술이 적용된 배출시설에서 발생가능한 오염물질의 농도 수준을 유럽연합의 배출허용기준과 비교하여, Non-BAT(배출허용기준 초과, 부적합), Immediate BAT(배출허용기준 통과, 적합), BAT Candidate(세부적인 추가 평가 필요)로 구분한다. First screening 단계에서 BAT Candidate로 구분되는 기술에 대해서는 물질/에너지 수지 평가 (Mass and Energy Balance)가 이루어진다. 이때에는 해당 기술에 대한 물질과 에너지 흐름 자료를 수집하고 전문가 회의를 통한 평가가 이루어지며, 이 단계에서 BAT로 결정되지 않는 기술은 영향평가 단계 (Calculation of characteristic figures)로 넘어가게 된다. 영향평가 단계에서는 BAT Candidate로 구분되고 물질/에너지 수지 단계에서 BAT로 결정되지 않은 기술에 대해서 가능한 환경 영향성 크기와 범위를 평가한다. 즉, BAT Candidate 기술을 적용한 사업장에서 배출될 것으로 예측되는 오염물질의 잠재적인 환경 영향도를 평가하고 그 영향도에 따라서 기술을 구분한다. 이를 통해 해당 기술의 환경 위해성을 판단할 수 있으며, 이때 평가되는 영향인자는 인체독성, 지구온난화, 산성화, 부영향화 등이다. 이 단계에서마저 최적가용기법으로 선정되지 못한 기술은 기술작업반 회의를 거치면서 전문가들의 합의하에 해당 기술의 최종가용기법 선정 여부가 결정된다.

미국의 경우는 유럽연합에서 최적가용기법을 선정하는 절차가 처음에 기존 기술에 대해서 First screening을 하여 일차 선별을 했던 것과는 다르게, 우선적으로는 배출시설에서 방출되는 오염물질에 대한 정보(유량, 농도, 성분 분석 등)를 수집하는 단계부터 시작한다(그림 1.4). 이를 위해서 각각의 질량부하에 대한 세부적인 조사와 공정 유출수의 흐름에 대한 자료가 필요하며, US EP가 선정한 약 150개의 독성물질을 반드시 처리해야 하므로 이를 고려한 오염원 특성 파악 단계가 진행된다. 그 후에는 본격적으로 기존 처리기술뿐만 아니라 오염물질 제어할 수 있는 각종 신기술을 포함하여 최적가용기법으로 선정될 수 있는 후보 기술로 구분하고, 이때 기술전환의 용이성, 처리능력, 처리 비용, 신뢰성, 2차 오염물질 생성 가능성 등과 같은 기준들이 후보기술들을 평가하는 데 활용되며, 단순한 자료 조사에서 벗어나 후보 기술의 실험실 규모 실험을 통해 분석된 결과가 필수적으로 이용되어야 한다. 이를 만족시킨 후보 기술들에 한하여 잠재적 영향평가가 실시되는데, 이는 최적가용기법을 평가하는 과정에서 가장 중요한 단계를 거치게 된다. 또한, 앞서 조사한 예비영향평가와 더불어서 부가적인 환경, 운전, 에너지, 자원, 경제적 영향평가가 진행되고 이를 통해 수집한 평가 결과는 측정 영향인자에 대한 일련의 매트릭스를 설계하는 데에 기초가 된다. 이런 과정을 통해 완성된 후보 기술의 영향 인자 매트릭스를 통해 기술적인 매트릭스와 경제적인 이슈를 공정하게 평가할 수 있게 되고, 해당 기술과 관련된 모든 정보를 비용효과를 표로 만들고 분석함으로서 각각의 후보기술에 대한 최적가용기법 선정 과정이 마무리된다.

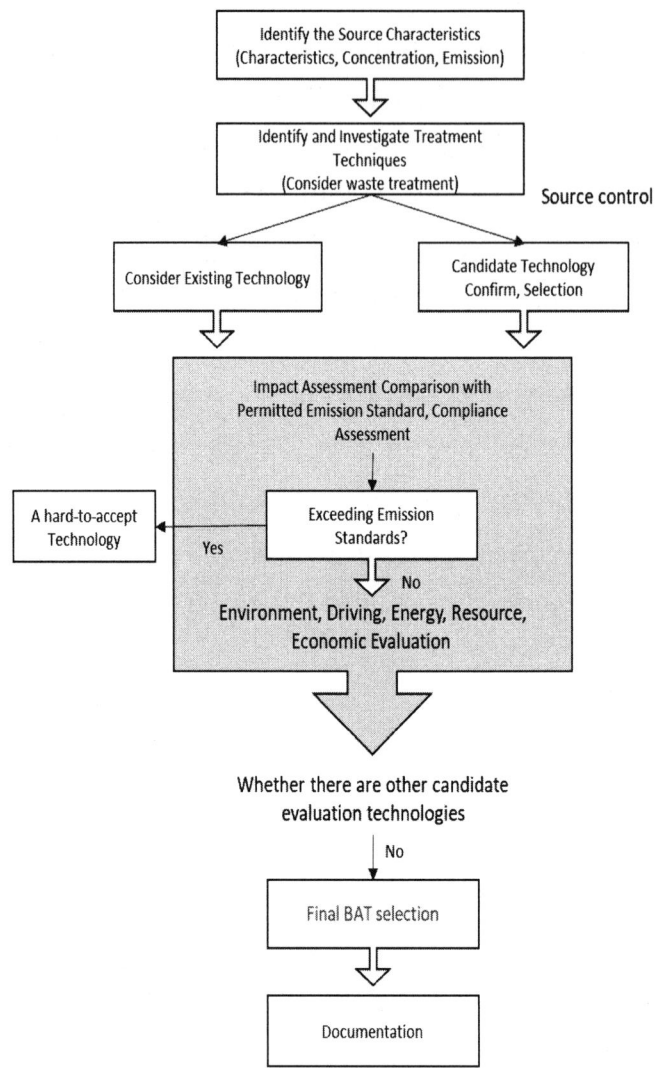

<그림 1.4> 미국의 최적가용기법 선정 순서도

1.3 최적가용기법 기반 배출 허가 시스템

　대규모 산업 및 농업 시설은 인간이 환경에 미치는 영향에 있어 상당한 부분을 차지한다. 이들 시설들은 많은 양의 물질, 화학 물질, 에너지, 그리고 물을 사용하기 때문에 대기, 수계, 토양에 다량의 오염 물질을 방출하고 유해 및 비유해 폐기물을 발생시킨다. 시설의 환경 영향은 활동 유형에 따라 다를 뿐 아니라, 각 현장별 설치 유형 또는 생산 공정에 따라 독특한 특성을 가질 수 있다. 이러한 다양한 환경영향과 환경규제를 포함한 지역 여건은 장소 맞춤형 요구사항을 필요로 한다.

　시설의 다양성을 고려할 때, 시설별 환경 규제를 별도로 설정하는 것은 규제 당국에게 어려운 일이다. 이는 지역 수준에서 배출 허가 기준이 부여되고 공무원이 유사한 유형의 여러 시설을 처리한 경험이 없는 규제 체제(regulartory framework)로 인해 더욱 복잡해질 수 있다. BAT는 산업 현장에 대한 허가 조건 설정을 지원하기 위해 전 세계 다수 국가에 채택되고 있는 해결 방안이다. 〈그림 1.5〉와 〈그림 1.6〉은 BAT와 BAT기준서가 통합환경관리제도를 포함하는 환경 규제 시스템에 어떻게 활용되는지를 보여준다.

〈그림 1.5〉 최적가용기법(BAT), 최적가용기법 연계 배출수준(BAT-AEL) 및 환경성과수준(BAT-AEPL), BAT 기반 허가 조건 수립을 위한 단계

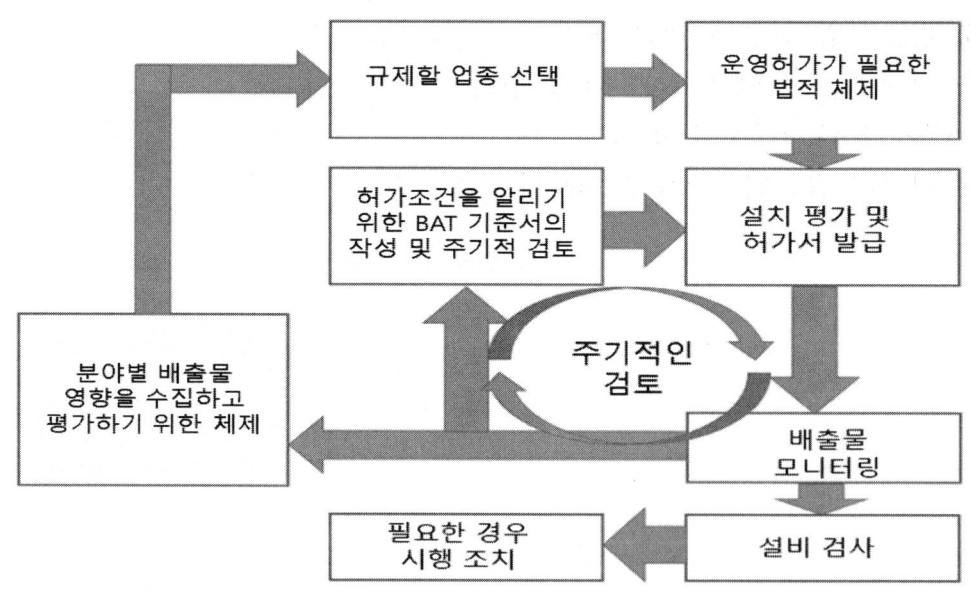

〈그림 1.6〉 BAT 기준서를 활용한 산업환경 영향 규제

BAT 기반 허가 시스템 구축을 위한 OECD의 권고 사항은 다음과 같다.

1) 통합환경관리(IPPC) 기반 BAT 활용: 1991년부터 OECD의 통합환경관리에 관한 법률(OECD Council Act on IPPC)이 권고하는 대로 대기, 물, 토양 오염 배출을 통합하여 접근하는 것이 권장된다(OECD, 1991). 이러한 접근방법은 오염 물질 배출 및 기타 환경 압력이 서로 다른 환경 매체간에 이동하기 보다는 전체적으로 완화되게 한다. 통합적이고 총체적인 접근방식이 실제로 실행되려면 개별 BAT 연계배출수준에 반영될 필요가 있다.
2) 전체 산업 설비를 대상으로한 환경 성능 개선 및 점진적인 허가 조건 강화: 여러 국가의 사례로부터 환경 성능이 가장 우수한 산업 설비와 관련된 정보를 통해 BAT 및 BAT 연계 배출수준 및 환경성과 수준(BAT-AE(P)Ls)을 배출해야 한다.
3) 기술에 근거한 BAT 연계 배출수준 및 환경성과 수준 설정: 정치적 협상이 아닌 BAT 또는 BAT의 조합을 구현하여 달성할 수 있는 환경적 성과 수준을 반영해야 한다.
4) 여러 이해관계자 간 소통에 기반한 BAT 및 BAT-AE(P)L 결정 과정: OECD의 규제정책 및 거버넌스에 관한 위원회 권고안에 명시된 투명성과 참여를 포함한 열린 정부의 원칙을 기반으로 한다(OECD, 2012). 이를 통해 모든 관련 이해 집단이 참여하고 의견을 표명할 수 있는 기회를 확보할 수 있다. 참여적 접근방식은 관련된 환경 문제 및 해결 방법을 상호 이해하여 서로 다른 이해관계가 생산되는 BAT 문서에 반영되도록 보장하므로 더 나은 결과를 도출하는 경향이 있다.
5) 관련 국제 협약 준수: BAT 및 BAT-AE(P)L은 최소한 관련 국제 협약에 따라 규정된 표준만큼 엄격해야 한다. 잔류성 유기물질에 대한 스톡홀름 협약, 장거리 횡단 대기 오염에 관한 협약, 수은에 대한 미나마타 협약 등 국제협약을 BAT 설정 시 필요조건으로 설정해야 한다.

6) 신규 산업 설비와 기존 산업 설비의 차이 고려: BAT 기준서를 개발, 개정 또는 도입할 때, 국가는 투자 주기가 고정되어 있고 개보수 양상을 반영한 적응 경로를 필요로 하는 기존 설비와 새로운 또는 상대적으로 업그레이드가 용이한 설비를 구별할 필요가 있다.

7) 타 국가 BAT 기준서 참고 권장: BAT 기준서를 개발하는 대신 다른 국가의 BAT 기준서를 도입하거나 국가 상황에 맞게 조정하는 것을 고려할 수 있다. BAT 기준서를 개발하는 것은 매우 시간과 자원 집약적인 과정이 될 수 있다(러시아 연방 1년, 한국 3년, 유럽연합 최대 5년, 중국 10년 이상). 따라서 BAT 기반 허가를 채택하려는 국가가 반드시 자체 BAT 기준서를 개발할 필요는 없다. 다른 국가의 BAT 기준서를 있는 그대로 사용하거나 (예: 이스라엘은 EU의 BAT 기준서 및 BAT 결정문(BATC)을 사용함), 기존 BAT 기준서 세트를 국가 상황에 맞게 조정할 수 있다(예: 러시아 연방은 EU BAT 기준서를 자체 BAT 기준서 개발의 출발점으로 사용함). BAT 기반 접근 방식을 추구하려는 국가는 상황에 가장 적합한 접근 방식을 반영하고 상황에 적용할 수 있는 요소를 참조하여 이 지침을 적절하게 사용해야 한다. 모든 국가에 대해 BAT 기반 허가를 적용하고 BAT 기반 허가 조건을 결정하기 위한 업종 선택에 관한 단계를 따르는 것이 권고된다. 또한 BAT 기준서의 적용 및 BAT 기반 허가 시스템의 전체 구현을 지원할 수 있는 기술작업반(technical working group, TWG)의 구성이 권장된다.

1.4 배출영향분석

통합환경관리를 포함한 사업장 환경관리의 기본 원칙은 사업장이 환경에 미치는 영향을 최소화하거나 수용 가능한 수준 이내로 제어하는 것이다. 국내 통합환경관리제도에서는 배출시설에 대한 허가 또는 승인을 받기를 원하는 사업장에 대해 '배출영향분석의 방법 및 결과서의 작성 등에 관한 규정' 제3장에 따라 대상지역 정보, 기상 정보, 하천유량 정보, 5개 오염물질(대기오염물질, 수질오염물질, 악취, 소음 및 진동, 잔류성유기오염물질) 배출 정보를 토대로 기존오염도(BC, Background Concentration), 추가오염도(PC, Process Concentration), 총오염도(PEC, Predicted Environmental Concentration)를 분석하여 해당 사업장의 배출영향분석 결과서를 작성하도록 규정하고 있다.

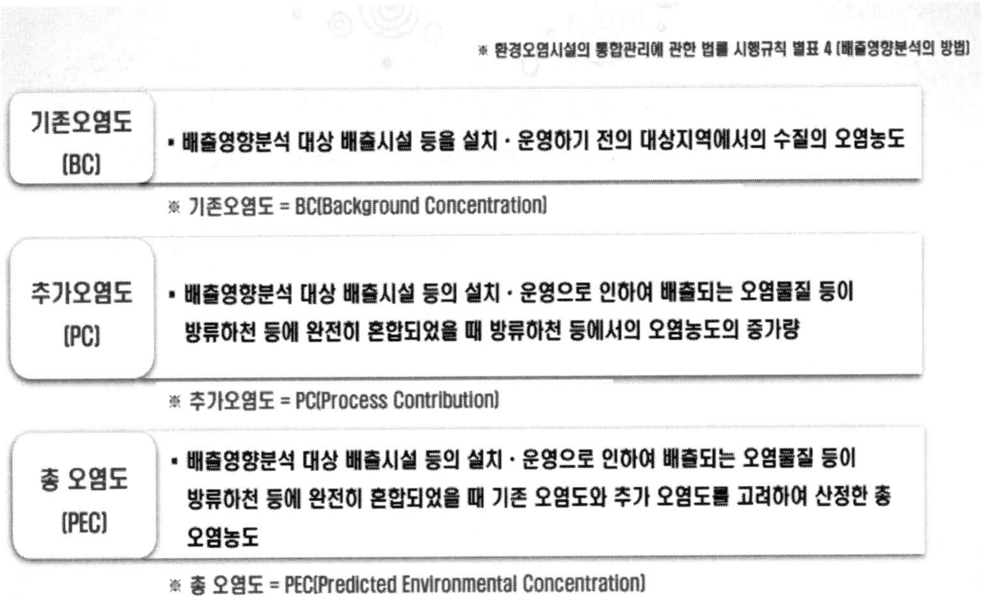

※ 환경오염시설의 통합관리에 관한 법률 시행규칙 별표 4 (배출영향분석의 방법)

기존오염도 (BC)
- 배출영향분석 대상 배출시설 등을 설치·운영하기 전의 대상지역에서의 수질의 오염농도

※ 기존오염도 = BC(Background Concentration)

추가오염도 (PC)
- 배출영향분석 대상 배출시설 등의 설치·운영으로 인하여 배출되는 오염물질 등이 방류하천 등에 완전히 혼합되었을 때 방류하천 등에서의 오염농도의 증가량

※ 추가오염도 = PC(Process Contribution)

총 오염도 (PEC)
- 배출영향분석 대상 배출시설 등의 설치·운영으로 인하여 배출되는 오염물질 등이 방류하천 등에 완전히 혼합되었을 때 기존 오염도와 추가 오염도를 고려하여 산정한 총 오염농도

※ 총 오염도 = PEC(Predicted Environmental Concentration)

〈그림 1.7〉 수질오염물질의 배출영향분석 용어 정의

〈그림 1.8〉, 〈그림 1.9〉에 국내에서 수질오염물질에 대한 오염도 산정 방법을 도시하였다.

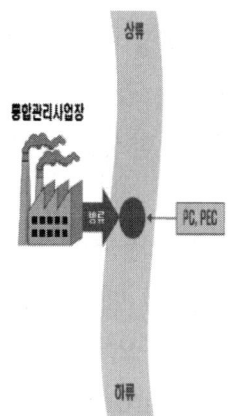

추가 오염도(PC) = 총 오염도(PEC) - 기존 오염도(BC)

※ 추가 오염도 = PC(Process Contribution)

$$\text{총 오염도(PEC)} = \frac{[\text{하천유량} \times \text{기존 오염도}] + [\text{폐수배출량} \times \text{배출농도}]}{[\text{하천유량} + \text{폐수배출량}]}$$

※ 총 오염도 = PEC(Predicted Environmental Concentration)

※ 배출영향분석 입력자료
 - 배출농도 : 최대배출기준(가지역 배출허용기준 준용)
 - 폐수배출량 : 허가 폐수량
 - 기존 오염도 : 수질오염물질이 배출되는 지점의 상류지점에서 측정된 오염물질의 농도
 - 하천유량 : 산업폐수배출시설의 배출지점과 인접한 상류지점에서의 저수기* 유량 사용
  ※ 저수기 : 1년간의 일일유량 중 275일은 이 유량보다 적지 않은 유량

〈그림 1.8〉 수질오염물질을 하천에 배출하는 경우 오염도 산정 방법

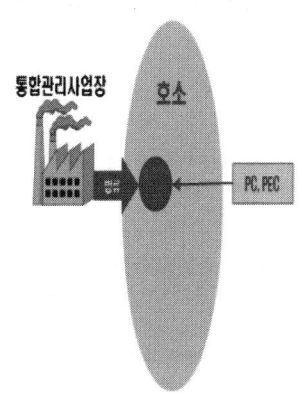

$$추가\ 오염도(PC) = \frac{오염물질\ 배출농도}{50}$$

※ 추가 오염도 = PC(Process Contribution)

$$총\ 오염도(PEC) = 추가\ 오염도(PC) + 기존오염도(BC)$$

※ 총 오염도 = PEC(Predicted Environmental Concentration)

※ 배출영향분석 입력자료
- 배출농도 : 최대배출기준(가지역 배출허용기준 준용) 또는 그 이내의 허가배출기준치 적용
- 기존 오염도 : 호소의 수질오염물질 농도(수질 측정망에서 측정된 최근 3년 자료 등)

〈그림 1.9〉 수질오염물질을 호소에 배출하는 경우 오염도 산정 방법

표 1.1에 일반지역과 청정지역별로 적용되는 수질오염물질에 대한 허가배출기준 평가 기준을 나타내었다. 최대배출기준과 한계배출기준은 업종별(또는 시설별) 기술 및 경제적 여건을 고려하여 설정해야 하나, 현재는 통합환경관리 시행 초기임을 고려하여 기존의 가지역 배출허용 기준을 최대배출기준, 기존의 청정지역 배출허용 기준을 한계배출기준으로 적용하고 있다.

〈표 1.1〉 수질오염물질에 대한 국내 허가배출기준 평가 기준

구분	일반지역	청정지역
상한치	최대배출기준	최대배출기준
하한치	한계배출기준	한계배출기준
평가기준	(PC < EQS[a]의 4%) or {(PC < EQS의 10%) and (PEC < EQS)}	(PC < EQS의 4%) and (PC < BC의 10%) and (PEC < EQS)

[a] 환경의 질 목표수준

그림 1.10, 1.11에 일반지역(가, 나, 특례)과 청정지역에서의 수질오염물질의 배출영향 허가배출기준 설정 절차를 도시하였다.

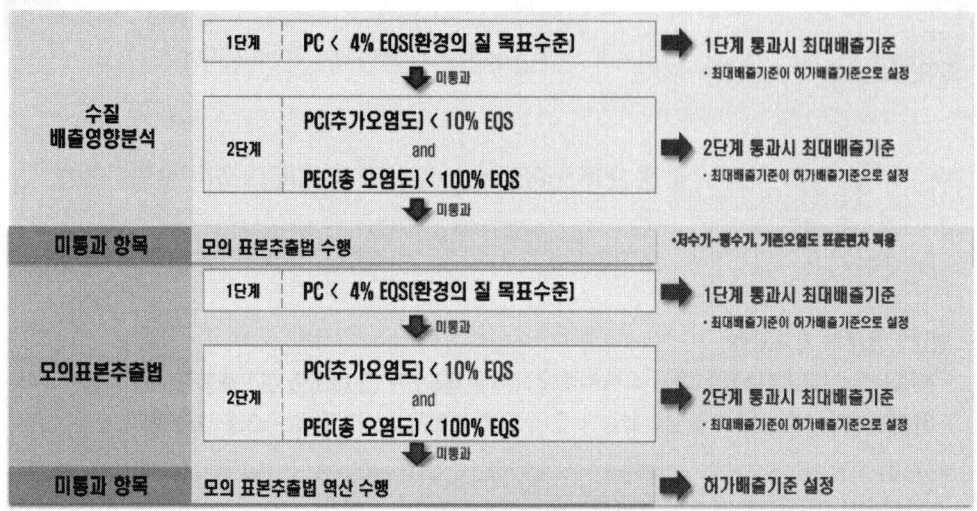

〈그림 1.10〉 일반지역(가, 나, 특례)에서의 수질오염물질 허가배출기준 설정 절차

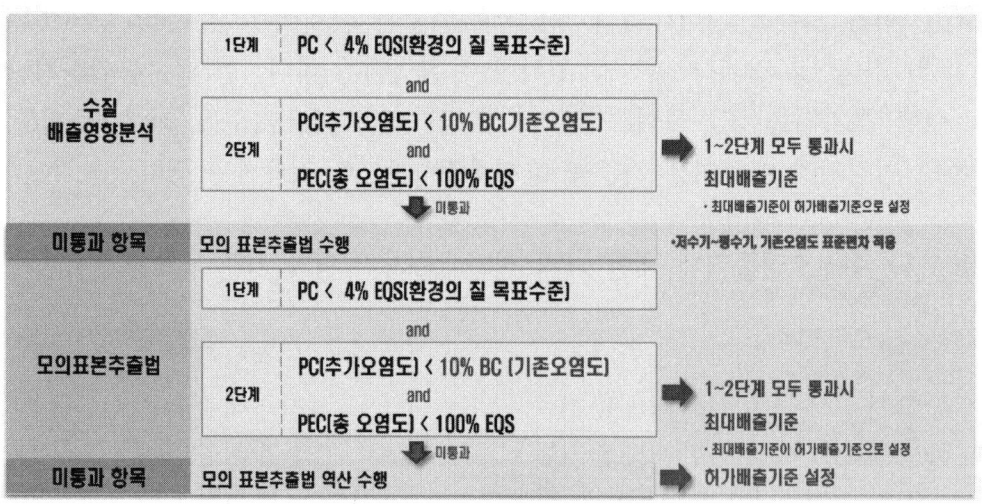

〈그림 1.11〉 청정지역에서의 수질오염물질 허가배출기준 설정 절차

제2장
국내 통합환경관리제도

2.1 환경오염시설의 통합관리에 관한 법률

2.2 통합환경관리 지침서

2.3 통합환경허가시스템

에듀컨텐츠·휴피아
Educontents·Huepia

2.1 환경오염시설의 통합관리에 관한 법률

2.1.1 환경오염시설의 통합관리에 관한 법률

우리나라의 통합환경관리에 대한 상위법은 '환경오염시설의 통합관리에 관한 법률'로 약칭 환경오염시설법이다. 이 법은 2022년 6월 10일부터 시행되었으며 일부 개정되었다. 해당 법은 사업장에서 생산, 운영 등으로 인해 발생되는 오염물질 등을 효과적으로 줄이기 위하여 배출시설 등을 통합 관리하는 목적으로, 각 사업장 여건에 맞춰 적용할 수 있도록 최적의 환경관리기법 체계를 구축하여 환경기술 발전 촉진과 국민의 건강, 환경보호를 목적으로 하고 있다. 환경오염시설법은 본문과 부칙으로 구성되어 있으며 본문은 제1장 총칙, 제2장 통합관리사업장의 배출시설 등에 대한 허가 등, 제2장의2 통합허가의 대행, 제3장 통합관리사업장의 배출시설 등에 대한 관리 등, 제4장 최적가용기법, 제5장 보칙, 제6장 벌칙 그리고 10개의 부칙으로 구성되어 있다.

제1장은 법의 목적과 정의와 더불어 국가의 책무, 다른 법률과의 관계, 그리고 용어의 정의를 다음과 같이 서술한다. 〈개정 2017.1.17.〉

    1. "오염물질등"이란 환경오염의 원인이 되는 것으로서 다음 각 목의 물질 등을 말한다.
      가.「대기환경보전법」 제2조 제1호의 대기오염물질
      나.「대기환경보전법」 제2조 제10호의 휘발성유기화합물
      다.「대기환경보전법」 제43조 제1항에 따른 비산먼지
      라.「소음·진동관리법」 제2조 제1호및제2호의 소음(騷音) 및 진동(振動)
      마.「물환경보전법」 제2조 제7호의 수질오염물질
      바.「악취방지법」 제2조 제1호의 악취
      사.「잔류성유기오염물질 관리법」 제2조 제1호의 잔류성유기오염물질
      아.「토양환경보전법」 제2조 제2호의 토양오염물질
      자.「폐기물관리법」 제2조 제1호의 폐기물

2. "배출시설등"이란 오염물질등을 배출하는 시설물, 기계 또는 기구 등으로서 다음 각 목의 ·· 것을 말한다.
　가.「대기환경보전법」제2조 제10호의 휘발성유기화합물을 배출하는 시설
　나.「대기환경보전법」제2조 제11호의 대기오염물질배출시설
　다.「대기환경보전법」제38조의2 제1항의 대기오염물질을 비산배출하는 배출시설
　라.「대기환경보전법」제43조 제1항에 따른 비산먼지를 발생시키는 사업
　마.「소음·진동관리법」제2조 제3호의 소음·진동배출시설
　바.「물환경보전법」제2조 제2호의 비점오염원(非點汚染源)
　사.「물환경보전법」제2조 제10호의 폐수배출시설
　아.「악취방지법」제2조 제3호의 악취배출시설
　자.「잔류성유기오염물질 관리법」제2조 제2호의 배출시설
　차.「토양환경보전법」제2조 제4호의 특정토양오염관리대상시설
　카.「폐기물관리법」제2조 제8호의 폐기물처리시설 중 환경부령으로 정하는 시설
3. "방지시설"이란 배출시설등으로부터 나오는 오염물질등을 없애거나 줄이는 시설로서 환경부령으로 정하는 시설을 말한다.

　제2장에서는 각 통합관리사업장의 배출시설등에 대한 허가와 관련하여 사전협의, 통합허가, 허가기준 등, 허가배출기준, 허가조건 및 허가배출기준의 변경, 통합허가에 따른 법률 적용상의 특례, 권리·의무 승계에 대하여 규정하고 있다. 이 중 허가배출기준에 대하여 살펴보면 다음과 같다.

제8조(허가배출기준) ① 환경부장관은 제6조에 따른 허가 또는 변경허가를 하는 경우에는 제24조제4항에 따른 최대배출기준 이하로 허가배출기준을 설정하여야 한다. 이 경우 허가배출기준의 설정 방법 및 절차는 환경부령으로 정한다.
② 환경부장관은 제1항에 따라 허가배출기준을 설정하는 경우에는 다음 각 호의 사항을 고려하여야 한다.
　1.「환경정책기본법」제12조제1항에 따른 환경기준(같은 조 제3항에 따른 지역환경기준을 포함한다)
　2.「환경정책기본법」제18조 및 제19조에 따른 시·도 환경계획 및 시·군·구 환경계획에 반영된 환경의 질(質) 목표
　3. 배출시설등을 설치·변경하려는 지역의 기존 대기질·수질의 오염상태 및 수계 이용 현황

4. 제1호부터 제3호까지에서 규정한 사항 외에 환경부령으로 정하는 환경의 질 목표 수준

③ 제6조에 따른 허가 또는 변경허가를 받거나 변경신고를 한 자(이하 "사업자"라 한다)는 배출시설등을 설치·운영할 때 허가배출기준을 초과하여 오염물질등을 배출해서는 아니 된다. 이 경우 허가배출기준의 초과 여부의 판정기준은 오염물질등의 배출농도 및 배출농도를 측정하는 방식 등을 고려하여 환경부령으로 정하는 바에 따른다.

제2장의2는 통합허가의 대행에 관하여 규정하고 있으며, 통합허가대행업의 등록 등, 결격사유, 통합허가대행업자 등의 준수사항, 통합허가대행업자의 권리·의무 승계, 업무의 폐업·휴업, 등록의 취소 등, 통합허가대행업자의 영업수행능력 평가 및 공시, 대행 실적의 보고 등, 통합허가대행업의 기술인력 육성 등, 비밀유지의 의무에 대한 내용으로 이루어져 있다.

제3장은 각 통합관리사업장의 배출시설등에 대한 관리 등을 규정하고 있다. 가동개시 신고 및 수리, 오염도 측정, 개선명령 등에 대하여 규정하고 있을 뿐만 아니라, 배출부과금의 부과·징수, 배출부과금의 감면, 배출부과금의 조정 등, 배출부과금의 징수유예·분할납부 및 징수절차, 측정기기 부착 등, 측정기기의 운영·관리 등, 배출시설 등 및 방지시설의 운영·관리 등, 허가의 취소 등, 과징금과 같은 세부사항들도 규정하고 있다.

제4장은 최적가용기법, 실태조사, 기술개발의 지원에 대해 규정하고 있다. 최적가용기법은 사업장에서의 적용 가능성, 오염물질등의 발생량 및 배출량 저감 효과, 환경관리기법 적용·운영에 따른 소요 비용, 폐기물의 감량 또는 재활용 촉진 여부, 에너지 사용의 효율성, 오염물질등의 원천적 감소를 통한 사전 예방적 오염관리 가능 여부, 이 외에도 환경부령으로 정하는 사항을 고려하여 마련되어야 한다. 또한 산업의 특성 등 업종별 일반 현황, 주요 오염물질등의 발생 및 배출 현황, 위에서 마련된 최적가용기법, 그 외에 새롭게 개발된 환경관리기법에 관한 사항, 최적가용기법을 배출시설 및 방지시설에 적용할 경우 배출될 수 있는 오염물질등의 배출농도의 범위, 그 외에 환경부장관이 필요하다고 인정하는 사항에 따라 주기적 검토가 요구되며, 수정·보완할 수 있다.

제5장 보칙에서는 정보 공개, 통합환경허가시스템 구축, 환경전문심사원의 운영 등, 보고와 검사 등, 자가측정, 기록·보존, 연간 보고서, 수수료, 협회의 설립, 권한의 위임 및 위탁, 벌칙 적용에서 공무원 의제, 규제의 재검토에 대하여 규정하고 있으며, 제6장에서는 벌칙과 양벌규정, 과태료에 대하여 규정하고 있다.

2.1.2 환경오염시설의 통합관리에 관한 법률 시행령

환경오염시설의 통합관리에 관한 법률 시행령(약칭 환경오염시설법 시행령) 2023. 1. 17.에 시행되었고 일부 개정되었다. 이 영은 환경오염시설의 통합관리에 관한 법률에서 위임된 사항과 그 시행에 필요한 사항을 규정함을 목적으로 하고 있다. 총 6장의 본문과 11개의 부칙, 14개의 별표로 구성되어 있다.

제1장에서는 목적을 규정하고 있으며, 제2장 통합관리사업장의 배출시설등에 대한 허가 등에서는 통합허가, 배출시설 설치제한 지역의 허가기준, 허가조건 및 허가배출기준의 변경을 규정하고 있다. 제1장과 2장을 첨부한다.

제1장 총칙
제1조(목적) 이 영은 「환경오염시설의 통합관리에 관한 법률」에서 위임된 사항과 그 시행에 필요한 사항을 규정함을 목적으로 한다.
제2장 통합관리사업장의 배출시설등에 대한 허가 등
제2조(통합허가) ① 「환경오염시설의 통합관리에 관한 법률」(이하 "법"이라 한다) 제6조제1항에 따라 배출시설등을 설치·운영하기 위하여 환경부장관의 허가를 받아야 하는 업종 및 그 적용시기는 별표 1과 같다.
② 법 제6조제2항 본문에서 "대통령령으로 정하는 중요한 사항을 변경하려는 경우"란 별표 2에 따른 경우를 말한다.
③ 법 제6조제2항 단서에서 "대통령령으로 정하는 사항을 변경하려는 경우" 또는 "대통령령으로 정하는 사항을 변경한 경우"란 각각 별표 3에 따른 경우를 말한다.
④ 법 제6조제7항에서 "대통령령으로 정하는 사항"이란 배출시설등에서 배출되는 오염물질등이 주변환경에 미치는 영향을 환경부령으로 정하는 바에 따라 조사·분석한 배출영

향분석 결과를 말한다. 〈개정 2021. 6. 29.〉

　제3조(배출시설 설치제한 지역의 허가기준) 법 제7조제5항제2호에서 "대통령령으로 정하는 시설의 설치 및 유지·관리 기준"이란 별표 4에 따른 기준을 말한다.

　제4조(허가조건 및 허가배출기준의 변경) ① 법 제9조제1항 전단에서 "대통령령으로 정하는 경우"란 다음 각 호의 어느 하나에 해당하는 경우를 말한다. 〈개정 2018. 1. 16.〉
　1. 법 제24조제4항에 따른 최대배출기준(이하 "최대배출기준"이라 한다)이 변경된 경우
　2. 사업장 및 그 주변의 토지 이용 변화, 폐수가 방류되는 「물환경보전법」 제2조제9호의 공공수역(이하 "공공수역"이라 한다)의 특성 변화, 사업장 주변의 오염상태 악화 등 사업장 주변의 환경 변화에 따라 관리·감독의 강화가 필요한 경우
　3. 법 제6조제1항에 따른 통합관리사업장의 배출시설등, 방지시설 또는 제조공정 등의 변경(법 제6조제2항 본문에 따라 변경허가를 받은 경우는 제외한다)에 따라 효율적인 환경관리를 위하여 해당 시설 및 공정의 운영·관리조건 등의 변경이 필요한 경우
　4. 그 밖에 배출시설등 및 방지시설의 비정상적인 작동이나 환경오염사고 등으로 인하여 사업장 외부 사람의 건강이나 주변 환경에 중대한 영향이 우려되어 관리·감독의 강화가 필요한 경우
② 법 제9조제2항에서 "오염물질등의 배출수준을 지속적으로 허가배출기준보다 현저하게 낮게 유지하는 등 대통령령으로 정하는 경우"란 다음 각 호의 요건을 모두 충족하는 경우를 말한다.
　1. 오염물질등의 배출수준을 지속적으로 허가배출기준보다 현저하게 낮게 유지하고 유해한 오염물질등을 적절하게 취급·관리할 것
　2. 배출시설등 및 방지시설의 특성에 따라 환경부장관이 정하여 고시하는 적절한 환경관리기법을 적용할 것
　3. 허가조건 및 시설 운영·관리 기준 등 관련 법령을 준수할 것
　4. 오염물질등의 배출수준, 배출시설등 및 방지시설의 운영 상황 등을 적절하게 측정하고 모니터링할 것

제2장의2 통합허가의 대행에서는 통합허가대행업의 등록 등에 대하여 규정하고 있다.

제2장의2 통합허가의 대행
제4조의2(통합허가대행업의 등록 등) ① 법 제11조의2제1항 전단에서 "대통령령으로 정하는 기술인력과 시설 및 장비"란 별표 4의2에 따른 기술인력과 시설 및 장비를 말한다.
② 법 제11조의2제1항 후단에서 "대통령령으로 정하는 중요 사항"이란 다음 각 호의 사항을 말한다.

1. 업체명
2. 대표자 성명
3. 사무실의 소재지
4. 기술인력

[본조신설 2021. 6. 29.]

제3장 통합관리사업장의 배출시설등에 대한 관리 등에서는 가동개시 신고 및 수리 제5조 가동개시 신고 및 수리, 개선기간, 개선명령의 이행, 자체 개선, 기본배출부과금의 산정, 초과배출부과금의 산정, 배출부과금 부과대상 오염물질등, 배출부과금의 부과기준일 등, 배출부과금의 감면, 배출부과금의 납부 통지, 배출부과금의 조정 및 환급 등, 배출부과금에 대한 조정신청, 배출부과금의 징수유예 등, 신용카드 등에 의한 배출부과금의 납부, 측정기기 부착 등, 측정기기에 대한 조치명령, 자동측정기기에 대한 자체 개선, 측정결과의 전산처리 등, 배출시설등 및 방지시설의 조치명령, 과징금 부과 등, 기존사업자에 대한 과징금 부과기준에 대하여 규정하고 있다. 제3장의 조항의 순서는 다음과 같다.

제3장 통합관리사업장의 배출시설등에 대한 관리 등
제5조(가동개시 신고 및 수리)
제6조(개선기간)
제7조(개선명령의 이행)
제8조(자체 개선)
제9조(기본배출부과금의 산정)
제10조(초과배출부과금의 산정)
제11조(배출부과금 부과대상 오염물질등)
제12조(배출부과금의 부과기준일 등)
제13조(배출부과금의 감면)
제14조(배출부과금의 납부 통지)
제15조(배출부과금의 조정 및 환급 등)
제16조(배출부과금에 대한 조정신청)
제17조(배출부과금의 징수유예 등)
제17조의2(신용카드 등에 의한 배출부과금의 납부)

제18조(측정기기 부착 등)
제19조(측정기기에 대한 조치명령)
제20조(자동측정기기에 대한 자체 개선)
제21조(측정 결과의 전산처리 등)
제22조(배출시설등 및 방지시설의 조치명령)
제23조(과징금 부과 등)
제23조의2(기존사업자에 대한 과징금 부과기준)

제4장 최적가용기법은 통합환경관리에 필수적인 최적가용기법에 대한 법률을 다룬다. 특히 최적가용기법 기준서에 대한 영과, 최적가용기법을 선정하기 위해 꼭 필요한 현장 실태조사 및 기술개발 지원에 대해 다루고 있다. 제4장은 다음과 같다.

제4장 최적가용기법
제24조(최적가용기법 기준서의 수정·보완 주기 등) 법 제24조제2항 후단에 따른 최적가용기법 기준서(이하 "최적가용기법기준서"라 한다)의 수정·보완 주기는 5년으로 한다. 다만, 환경부장관은 업종별 시설의 교체 주기 등을 고려하여 필요하다고 인정하는 경우에는 2년의 범위에서 「환경정책기본법」 제58조제1항에 따른 중앙환경정책위원회의 심의를 거쳐 수정·보완 주기를 연장할 수 있다. 〈개정 2021. 6. 29.〉
제25조(실태조사) ① 환경부장관은 법 제25조제1항에 따라 다음 각 호의 사항에 대하여 실태조사를 할 수 있다. 다만, 개별 사업장에 대하여 실태조사를 하는 경우에는 제4호의 사항은 제외한다.
  1. 투입물질 및 오염배출 현황
  2. 배출시설등과 방지시설의 운영 및 관리 현황
  3. 사용하고 있는 오염물질등 저감 기법의 현황
  4. 오염물질등 저감에 대한 기술개발
  5. 그 밖에 환경부장관이 최적가용기법 마련 및 기준서의 개발을 위해 필요하다고 인정하는 사항
② 환경부장관은 법 제25조제2항에 따른 자료 제출 또는 현장조사를 요청할 때에는 문서로 하여야 한다. 이 경우 현장조사를 요청할 때에는 조사하려는 날부터 15일 이전에 문서를 해당 사업자에게 보내야 하며, 현장조사 후 그 결과를 해당 사업자에게 통지하여야 한다.
제26조(기술개발 지원의 대상) 법 제26조제2항에서 "대통령령으로 정하는 자"란 다음 각 호의 기관·단체 또는 사업자를 말한다.

1. 국공립 연구기관
2. 「과학기술분야 정부출연연구기관 등의 설립·운영 및 육성에 관한 법률」에 따라 설립된 과학기술분야 정부출연연구기관
3. 「고등교육법」에 따른 대학·산업대학·전문대학·기술대학 및 그 부설연구기관
4. 한국환경공단
5. 「한국환경산업기술원법」에 따른 한국환경산업기술원
6. 「기초연구진흥 및 기술개발지원에 관한 법률」 제14조의2제1항에 따른 기업부설연구소 중 환경분야 연구인력을 확보하고 있는 기업부설연구소
7. 「환경기술 및 환경산업 지원법」 제2조제3호에 따른 환경산업을 경영하는 사업자

제5장 보칙에서는 통합환경관리정보공개심의위원회의 구성·운영, 위원의 해임 및 해촉, 위원의 제척·기피·회피, 위원장의 직무, 위원회의 운영, 정보 공개의 방법·절차 등, 통합환경허가시스템 구축 등, 환경전문심사원의 지정 등, 권한의 위임, 업무의 위탁, 규제의 재검토에 대하여 규정하고 있으며, 6장 벌칙에서는 과태료의 부과기준에 대하여 규정하고 있다.

환경오염시설의 통합관리에 관한 법률 시행령은 14개의 별표를 포함하고 있다. 이 중 통합환경관리를 위해 꼭 필요한 별표들을 첨부한다. [별표 1] 통합관리 대상 업종 및 적용 시기(제2조제1항 관련)은 통합환경관리의 대상이 되는 업종들을 구분한다. [별표 2] 변경허가의 대상(제2조제2항 관련)과 [별표 3] 변경신고의 대상(제2조제3항 관련)은 각각 사업장 변경 허가와 변경 신고에 대한 세부 절차들을 다루고 있다. 위의 별표들은 통합환경관리의 기본인 사업장의 분류를 위해 꼭 필요하다.

■ 환경오염시설의 통합관리에 관한 법률 시행령 [별표 1] 〈개정 2023. 1. 17.〉

통합관리 대상 업종 및 적용 시기(제2조제1항 관련)

통합관리 대상 업종	적용 시기
1. 전기업(351) 중 다음 각 목의 업종 　가. 화력 발전업(35113) 　나. 기타 발전업(35119)	2017년 1월 1일
2. 증기, 냉온수 및 공기조절 공급업(353)	2017년 1월 1일
3. 폐기물 처리업(382) 중 다음 각 목의 업종. 다만, 폐기물 처리업에만 속하는 사업장으로서 「폐기물관리법 시행령」 별표 3 제2호가목에 따른 매립시설만 단독으로 설치된 사업장은 제외한다. 　가. 지정외 폐기물 처리업(3821) 　나. 지정 폐기물 처리업(3822)	2017년 1월 1일
4. 기초화학물질 제조업(201) 중 석유화학계 기초화학물질 제조업(20111)	2018년 1월 1일
5. 합성고무 및 플라스틱 물질 제조업(202) 중 다음 각 목의 업종 　가. 합성고무 제조업(20201) 　나. 합성수지 및 기타 플라스틱 물질 제조업(20202)	2018년 1월 1일
6. 1차 철강 제조업(241)	2018년 1월 1일
7. 1차 비철금속 제조업(242)	2018년 1월 1일
8. 석유 정제품 제조업(192)	2019년 1월 1일
9. 기초화학물질 제조업(201) 중 다음 각 목의 업종 　가. 기타 기초 무기 화학물질 제조업(20129) 　나. 무기안료용 금속 산화물 및 관련 제품 제조업(20131)	2019년 1월 1일
10. 기초화학물질 제조업(201) 중 다음 각 목의 업종 　가. 석탄화학계 화합물 및 기타 기초 유기 화학물질 제조업(20119) 　나. 염료, 조제 무기 안료, 유연제 및 기타 착색제 제조업(20132)	2019년 1월 1일

11. 기타 화학제품 제조업(204) 중 다음 각 목의 업종 　가. 일반용 도료 및 관련제품 제조업(20411) 　나. 요업용 도포제 및 관련제품 제조업(20412) 　다. 계면활성제 제조업(20421) 　라. 치약, 비누 및 기타 세제 제조업(20422) 　마. 화장품 제조업(20423) 　바. 가공 및 정제염 제조업(20492) 　사. 접착제 및 젤라틴 제조업(20493) 　아. 화약 및 불꽃제품 제조업(20494) 　자. 바이오 연료 및 혼합물 제조업(20495) 　차. 그 외 기타 분류 안된 화학제품 제조업(20499)	2019년 1월 1일
12. 비료, 농약 및 살균, 살충제 제조업(203) 중 다음 각 목의 업종 　가. 비료 및 질소 화합물 제조업(2031) 　나. 살균·살충제 및 농약 제조업(2032)	2019년 1월 1일
13. 펄프, 종이 및 판지 제조업(171) 중 다음 각 목의 업종 　가. 펄프 제조업(1711) 　나. 신문용지 제조업(17121) 　다. 인쇄용 및 필기용 원지 제조업(17122) 　라. 크라프트지 및 상자용 판지 제조업(17123) 　마. 위생용 원지 제조업(17125) 　바. 기타 종이 및 판지 제조업(17129)	2020년 1월 1일
14. 기타 종이 및 판지 제품 제조업(179)	2020년 1월 1일
15. 전자부품 제조업(262) 중 다음 각 목의 업종 　가. 표시장치 제조업(2621) 　나. 인쇄회로기판용 적층판 제조업(26221) 　다. 경성 인쇄회로기판 제조업(26222) 　라. 연성 및 기타 인쇄회로기판 제조업(26223) 　마. 전자축전기 제조업(26291) 　바. 전자감지장치 제조업(26295)	2020년 1월 1일

사. 그 외 기타 전자부품 제조업(26299)	
16. 도축, 육류 가공 및 저장 처리업(101)	2021년 1월 1일
17. 알코올음료 제조업(111)	2021년 1월 1일
18. 섬유제품 염색, 정리 및 마무리 가공업(134)	2021년 1월 1일
19. 플라스틱제품 제조업(222)	2021년 1월 1일
20. 반도체 제조업(261)	2021년 1월 1일
21. 자동차 부품 제조업(303)	2021년 1월 1일
22. 시멘트, 석회, 플라스터 및 그 제품 제조업(233) 중 시멘트 제조업(23311). 다만, 소성(燒成)시설이 설치되지 않은 사업장은 제외한다.	2023년 7월 1일

비고

1. 위 표에서 사용하는 업종 구분은 「통계법」 제22조에 따라 통계청장이 고시하는 한국표준산업분류에 따르며, 괄호 안의 숫자는 한국표준산업분류에 따른 분류번호를 말한다.

2. 지방자치단체에서 설치하거나 위탁하여 운영하는 폐기물 처리시설의 경우에는 위 표의 제3호에 따른 업종에 해당하는 것으로 본다.

3. 두 개 이상의 업종을 영위하는 사업장으로서 그 업종 중 통합관리 대상 업종에 해당하는 업종이 있고, 다음 각 목의 기준에 모두 해당하는 경우에는 그 통합관리 대상 업종을 해당 사업장의 업종으로 보아 법을 적용한다.

   가. 통합관리 대상 업종에 해당하는 업종의 매출액이 나머지 업종의 각각의 매출액보다 클 것

   나. 통합관리 대상 업종에 해당하지 않는 업종의 시설에 배출시설등이 설치되어 있고, 그 배출시설등에 대해 최적가용기법기준서의 적용이 가능할 것

4. 두 개 이상의 통합관리 대상 업종을 영위하는 사업장의 경우에는 그 업종의 적용 시기 중 가장 늦은 시기를 해당 사업장에 대한 적용 시기로 한다.

5. 위 표의 제1호부터 제3호까지 어느 하나에 해당하는 사업장 중 「산업입지 및 개발에 관한 법률」 제2조제8호에 따른 산업단지에 있는 사업장들이 공동으로 사용하는 전기 또는 증기를 공급하거나 그 사업장들로부터 배출되는 폐기물을 공동으로 처리하기 위한 배출시설등을 설치한 사업장으로서, 생산된 재화나 서비스의 대부분을 산업단지에 있는 사업장들에 제공하는 경우에는 환경부장관이 그 재화

나 서비스를 제공받는 사업장들의 업종 및 적용 시기를 고려하여 해당 사업장의 적용 시기를 달리 정할 수 있다.

6. 해당 업종의 적용 시기가 도래하기 전에 자발적으로 통합허가를 신청하는 사업장에 대해서는 그 신청 시기를 해당 사업장에 대한 적용 시기로 한다.

■ 환경오염시설의 통합관리에 관한 법률 시행령 [별표 2] 〈개정 2021. 6. 29.〉

변경허가의 대상(제2조제2항 관련)

1. 오염물질등의 발생량 또는 배출량이 다음 각 목의 어느 하나에 해당하게 되는 경우

  가. 법 제6조제1항제1호에 따른 사업장으로서 연간 대기오염물질 발생량이 같은 항에 따른 허가 또는 같은 조 제2항 본문에 따른 변경허가(이 목에 따른 사유로 변경허가를 받은 경우만 해당한다)를 받은 당시보다 다음의 구분에 따른 양 이상(「대기환경보전법」 제23조제6항에 따른 배출시설 설치제한 지역에 위치한 사업장의 경우에는 다음의 구분에 따른 양의 2분의 1 이상) 증가하는 경우

   1) 연간 대기오염물질 발생량이 1,000톤 미만인 사업장: 연간 대기오염물질 발생량의 100분의 30. 다만, 증가하는 양이 20톤 미만인 경우는 제외한다.

   2) 연간 대기오염물질 발생량이 1,000톤 이상 6,000톤 미만인 사업장: 연간 대기오염물질 발생량의 100분의 20에 100톤을 더한 양

   3) 연간 대기오염물질 발생량이 6,000톤 이상 13,000톤 미만인 사업장: 연간 대기오염물질 발생량의 100분의 10에 700톤을 더한 양

   4) 연간 대기오염물질 발생량이 13,000톤 이상인 사업장: 2,000톤

  나. 법 제6조제1항제2호에 따른 사업장으로서 일일 폐수 배출량이 같은 항에 따른 허가 또는 같은 조 제2항 본문에 따른 변경허가(이 목에 따른 사유로 변경허가를 받은 경우만 해당한다)를 받은 당시보다 100분의 30 이상 또는 700세제곱미터 이상(「물환경보전법」 제33조제5항에 따른 배출시설 설치제한 지역에 위치한 사업장의 경우에는 100분의 15 이상 또는 200세제곱미터 이상) 증가하는 경우

2. 허가배출기준이 설정된 오염물질등 외에 새로운 오염물질등이 발생하는 경우로서 다음 각 목의 어느 하나에 해당하는 사유로 허가배출기준이 설정된 오염물질등

외에 새로운 대기오염물질 또는 수질오염물질이 환경부령으로 정하는 농도기준을 초과하여 발생하는 경우

　가. 배출시설등의 신설(사업장에서 설치·운영 중인 배출시설등과 다른 종류의 배출시설등을 설치하는 것을 말한다. 이하 같다)
　나. 배출시설등의 증설(사업장에서 설치·운영 중인 배출시설등과 같은 종류의 배출시설등을 추가로 설치하거나 그 규모를 늘리는 것을 말한다. 이하 같다)
　다. 배출시설등의 교체 또는 변경
　라. 연료·원료·부원료·제조공정 등의 변경

3. 배출시설등의 신설 또는 추가 설치에 따라 허가배출기준 또는 허가조건의 변경이 필요한 경우로서 다음 각 목의 어느 하나에 해당하는 경우

■ 환경오염시설의 통합관리에 관한 법률 시행령 [별표 3] 〈개정 2021. 6. 29.〉

변경신고의 대상(제2조제3항 관련)

1. 법 제6조제2항 단서에 따라 사전에 변경신고를 해야 하는 경우는 다음 각 목과 같다.
　가. 배출시설등을 신설, 증설, 교체, 폐쇄 또는 변경하는 경우로서 다음의 어느 하나에 해당하는 경우
　　1) 법 제2조제2호가목의 휘발성유기화합물을 배출하는 시설(이하 "휘발성유기화합물배출시설"이라 한다)을 증설함으로써 해당 시설 규모의 합계 또는 누계가 허가 또는 변경허가를 받거나 변경신고를 한 당시보다 100분의 50 이상 증가하게 되는 경우
　　2) 휘발성유기화합물배출시설을 폐쇄하는 경우
　　3) 같은 배출구에 연결된 대기오염물질배출시설을 증설, 교체 또는 폐쇄하는 경우. 다만, 배출시설의 규모[같은 배출구에 연결되어 있는 같은 종류의 배출시설(방지시설의 설치를 면제받은 배출시설의 경우에는 면제받은 배출시설 중 같은 종류의 배출시설을 말한다)의 규모의 합계 또는 누계를 말한다]가 허가 또는 변경허가를 받거나 변경신고를 한 당시보다 100분의 10 미만으로 변경되는 경우로서 증설 또는 교체로 인하여 다른 법령에 따른 설치의 제한을 받지 않고, 증설,

교체 또는 폐쇄에 따라 변경되는 대기오염물질의 양이 방지시설의 처리용량 범위 내인 경우에는 그렇지 않다.

4) 법 제2조제2호다목의 대기오염물질을 비산배출하는 배출시설(이하 "비산배출시설"이라 한다)을 증설, 교체 또는 폐쇄함으로써 배출시설의 규모(동일한 시설·관리 기준이 적용되는 시설의 규모의 합계 또는 누계를 말하며, 규모를 산정할 수 없는 시설의 경우에는 개수의 합계 또는 누계를 말한다)가 허가 또는 변경허가를 받거나 변경신고를 한 당시보다 100분의 10 이상 변경되는 경우

5) 법 제2조제2호라목의 비산먼지를 발생시키는 사업(이하 "비산먼지발생사업"이라 한다)의 규모를 늘리거나 그 종류를 추가하는 경우

6) 비산먼지 배출공정을 변경하는 경우

7) 법 제2조제2호마목의 소음·진동배출시설(이하 "소음·진동배출시설"이라 한다)을 증설함으로써 해당 시설 규모의 합계 또는 누계가 허가 또는 변경허가를 받거나 변경신고를 한 당시보다 100분의 50 이상 증가하게 되는 경우

8) 소음·진동배출시설의 전부를 폐쇄하는 경우

9) 법 제2조제2호바목의 비점오염원(이하 "비점오염원"이라 한다)에 의한 오염을 유발하는 사업으로서 총사업장 부지면적이 허가 또는 변경허가를 받거나 변경신고를 한 당시보다 100분의 15 이상 증가하게 되는 경우

10) 비점오염원의 전부 또는 일부를 폐쇄하는 경우

11) 폐수배출시설을 추가로 설치하거나 그 일부를 폐쇄하는 경우

12) 폐수 배출량이 증가하거나 감소하여 「물환경보전법 시행령」 별표 13에 따른 사업장 종류가 변경되는 경우

13) 법 제2조제2호아목의 악취배출시설(이하 "악취배출시설"이라 한다)을 폐쇄하는 경우 또는 환경부령으로 정하는 악취배출시설의 공정을 추가하거나 폐쇄하는 경우

14) 법 제2조제2호카목의 폐기물처리시설(「폐기물관리법」 제29조제2항제1호에 따른 폐기물처리시설은 제외한다)을 신설 또는 추가 설치하거나 해당 폐기물처리시설에 대하여 「폐기물관리법」 제29조제3항에 따른 중요사항을 변경(환경부령으로 정하는 중요사항을 변경하는 경우는 제외한다)하는 경우

15) 「대기환경보전법」 제44조제1항 각 호의 어느 하나에 해당하는 지역에 위치한 사업장에서 휘발성유기화합물배출시설을 신설하는 경우

16) 비산배출시설을 신설하는 경우

17) 비산먼지발생사업을 신규로 실시하는 경우
18) 소음·진동배출시설을 신설하는 경우
19) 「물환경보전법」 제53조제1항 각 호에 규정된 사업의 실시, 시설의 설치 또는 사업의 재개 및 사업장의 증설 등에 해당하게 되는 경우
20) 「악취방지법」 제6조제1항에 따른 악취관리지역에 위치한 사업장에서 악취배출시설을 신설하거나 법 제2조제1호바목의 악취 중 허가배출기준이 설정된 것 외의 새로운 악취를 배출하는 악취배출시설을 추가로 설치하는 경우
21) 법 제2조제2호차목의 특정토양오염관리대상시설(이하 "특정토양오염관리대상시설"이라 한다)을 신설하는 경우
22) 「대기환경보전법」 제44조제1항 각 호의 어느 하나에 해당하는 지역으로 지정·고시될 때에 그 지역에 위치한 사업장에서 휘발성유기화합물배출시설을 운영하고 있는 경우
23) 「대기환경보전법」 제2조제10호에 따라 휘발성유기화합물이 추가로 고시된 경우로서 같은 법 제44조제1항 각 호의 어느 하나에 해당하는 지역에 위치한 사업장에서 그 추가된 휘발성유기화합물배출시설을 운영하고 있는 경우
24) 「악취방지법」 제6조제1항에 따라 악취관리지역으로 지정·고시할 당시 그 지역에 위치한 사업장에서 악취배출시설을 운영하고 있는 경우 또는 악취관리지역 외의 지역에 위치한 사업장에서 같은 법 제8조의2제1항에 따라 추가로 지정·고시된 악취배출시설을 운영하고 있는 경우

나. 방지시설을 증설, 교체, 폐쇄 또는 변경하는 경우로서 다음의 어느 하나에 해당하는 경우
1) 「대기환경보전법」 제44조제3항에 따른 휘발성유기화합물의 배출을 억제하거나 방지하는 시설을 변경하는 경우
2) 「대기환경보전법」 제2조제12호의 대기오염방지시설을 증설, 교체하거나 폐쇄하는 경우
3) 법 제6조제4항제1호에 따른 계획 중 비산배출시설의 운영계획을 변경하는 경우
4) 「대기환경보전법」 제43조제1항에 따른 비산먼지 발생을 억제하기 위한 시설 또는 조치사항을 변경하는 경우
5) 「물환경보전법」 제2조제12호의 수질오염방지시설의 일부를 폐쇄하거나 수질오염방지시설의 폐수처리방법 및 처리공정을 변경하는 경우
6) 「물환경보전법」 제2조제13호의 비점오염저감시설의 종류, 위치, 용량을 변경

하거나 전부 또는 일부를 폐쇄하는 경우
　7)「악취방지법」제8조제2항에 따른 악취방지시설을 변경(사용하는 원료의 변경으로 인한 경우를 포함한다)하거나 법 제6조제4항제1호에 따른 계획 중 악취방지시설의 운영계획을 변경하는 경우
　8) 다른 법률에 따라 방지시설의 설치의무가 면제되거나 유예된 배출시설등에 방지시설을 새로 설치하는 경우
다. 배출시설등에 사용하는 원료·연료 등을 변경하거나 배출시설등의 운영 조건 등을 변경하는 경우로서 다음의 어느 하나에 해당하는 경우
　1) 대기오염물질배출시설의 연료나 원료를 변경하려는 경우. 다만, 해당 배출시설에서 새로운 오염물질등을 배출하지 않고 배출량이 증가되지 않는 원료로 변경하는 경우 또는 종전의 연료보다 황함유량이 낮은 연료로 변경하는 경우는 제외한다.
　2) 일일 조업시간을 변경하는 경우
　3) 법 제6조제4항제1호에 따른 계획 중 비산배출시설의 설치 및 운영계획을 변경하는 경우
　4) 배출시설등 및 방지시설의 운영조건을 변경하는 경우

2. 법 제6조제2항 단서에 따라 사후에 변경신고를 해야 하는 경우는 다음 각 목과 같다.
가.「물환경보전법 시행령」제33조제2호에 따라 폐수를 전량 위탁처리하는 경우로서 폐수를 위탁받는 자를 변경한 경우
나. 특정토양오염관리대상시설을 증설함으로써 해당 시설 규모의 합계 또는 누계가 허가 또는 변경허가를 받거나 변경신고를 한 당시보다 100분의 30 이상 증가한 경우
다. 특정토양오염관리대상시설을 교체하거나 토양오염방지시설을 변경한 경우 또는 특정토양오염관리대상시설에 저장하는 오염물질을 변경한 경우
라. 사업장의 명칭이나 대표자를 변경한 경우
마. 배출시설등이나 방지시설을 임대한 경우
바. 하나 이상의 배출시설등을 전부 폐쇄하거나 사용을 종료한 경우
사. 제1호 각 목의 어느 하나에 해당하는 사항이 반복적으로 변경되는 경우로서 허가조건에 그 반복적인 변경사항에 따른 준수사항을 명시한 경우

아. 허가 또는 변경허가 당시 예측하지 못한 오염물질등이 환경부령으로 정하는 농도기준을 초과하여 발생하는 경우로서 배출구에서 주기적으로 오염도를 측정하는 것을 허가조건으로 설정하는 것이 필요한 경우
자. 아목에 따라 오염도를 측정한 결과가 환경부령으로 정하는 농도기준을 초과하는 경우

[별표 4] 배출시설 설치제한 지역의 배출시설등의 설치 및 유지·관리기준(제3조 관련)은 배출시설들을 분류하는 세부적 절차들에 대한 정보를 포함한다.

■ 환경오염시설의 통합관리에 관한 법률 시행령 [별표 4] 〈개정 2020. 2. 25.〉

배출시설 설치제한 지역의 배출시설등의 설치 및 유지·관리기준(제3조 관련)

1. 「물환경보전법」 제33조제5항에 따른 배출시설 설치제한 지역에서 같은 법 시행령 제31 제1항제1호에 따른 기준 이상으로 같은 법 제2조제8호의 특정수질유해물질(이하 "특정수질유해물질"이라 한다)을 배출하는 폐수배출시설은 다음 각 목의 기준을 준수하여야 한다.
  가. 환경오염사고 등 비상상황이 발생하였을 때 사고로 유출되는 오수·폐수가 공공수역으로 직접 유입되는 것을 차단할 수 있도록 적절한 비상저류시설(非常貯留施設)을 설치·운영할 것
  나. 제18조제1항제2호의 수질오염물질 관련 측정기기를 부착하여 배출시설에서 배출되는 수질오염물질을 적절하게 측정하고 그 측정자료를 「물환경보전법 시행령」 제37조제1항에 따른 수질원격감시체계 관제센터에 전송할 것
  다. 「화학물질관리법」 제2조제7호의 유해화학물질 중 사업장에서 배출되거나 배출 가능성이 확인된 물질로서 환경부장관이 배출기준을 고시한 물질에 대해서는 배출기준을 준수하고 주기적으로 측정할 것
  라. 특정수질유해물질이 허가배출기준을 초과하거나 다목에 따른 물질이 환경부장관이 정하여 고시하는 배출기준을 초과한 경우에는 즉시 비상저류시설로 유입시키고 위탁처리 등의 방법으로 적절하게 처리할 것

2. 제1호에도 불구하고 다음 각 목의 어느 하나에 해당하는 배출시설에 대해서는 제1호에 따른 기준을 적용하지 않는다.

가. 구리 및 그 화합물, 디클로로메탄, 1, 1-디클로로에틸렌 외의 특정수질유해물질을 배출하지 않는 경우로서 「물환경보전법」 제2조제11호의 폐수무방류배출시설을 설치·운영하는 사업장의 배출시설

나. 「물환경보전법」 제33조제5항에 따른 배출시설 설치제한 지역 또는 「환경정책기본법」 제38조에 따른 특별대책지역으로 지정되기 전에 해당 지역에서 「물환경보전법」 제33조제1항에 따라 폐수배출시설의 설치허가를 받거나 신고한 시설로서 배출시설 설치제한 지역 또는 특별대책지역이 지정된 이후에는 다음의 기준을 모두 준수하는 시설

 1) 배출시설을 증설하지 않을 것
 2) 새로운 특정수질유해물질을 배출하지 않을 것

다. 「물환경보전법」 제33조제1항에 따라 폐수배출시설의 설치허가를 받거나 신고한 이후 관계 법령의 개정으로 특정수질유해물질이 새로 지정됨에 따라 제1호에 따른 배출시설에 해당하게 된 경우로서 특정수질유해물질이 지정된 이후에는 나목1) 및 2)의 기준을 모두 준수하는 시설

라. 지방자치단체에서 설치하거나 위탁하여 운영하는 폐기물 소각시설로서 다음의 기준을 모두 준수하는 시설

 1) 발생된 폐수를 「물환경보전법」 제2조제17호에 따른 공공폐수처리시설(이하 "공공폐수처리시설"이라 한다) 또는 「하수도법」 제2조제9호의 공공하수처리시설(이하 "공공하수처리시설"이라 한다)로 전량 유입·처리하거나 해당 사업장의 처리시설로 유입·처리할 것
 2) 제1호가목에 따른 비상저류시설을 설치·운영할 것

마. 배출시설에서 발생되는 특정수질유해물질을 전량 위탁처리하는 시설로서 환경부장관이 정하여 고시하는 시설

바. 제1호가목에 따른 비상저류시설을 설치·운영하는 사업장의 배출시설로서 환경부장관이 정하여 고시하는 시설

사. 「산업입지 및 개발에 관한 법률」 제6조에 따른 국가산업단지, 같은 법 제7조에 따른 일반산업단지 또는 「자유무역지역의 지정 및 운영에 관한 법률」 제4조에 따른 자유무역지역으로서 환경부장관이 정하여 고시하는 지역에 설치하는 시설

통합허가는 사업장에서 자체적으로 받을 수 있지만, 관련 행정을 대행하는 통합허가대행업 또한 존재한다. [별표 4의2] 통합허가대행업의 기술인력과 시설 및 장비(제4조의2제1항 관련)은 통합허가대행업의 자격에 대해 설명한다.

■ **환경오염시설의 통합관리에 관한 법률 시행령 [별표 4의2]** 〈신설 2021. 6. 29.〉

통합허가대행업의 기술인력과 시설 및 장비(제4조의2제1항 관련)

1. 기술인력

구분	내용
가. 고급 인력	다음의 어느 하나에 해당하는 사람을 상근인력으로 1명 이상 보유할 것 1) 「국가기술자격법」에 따른 통합허가 관련 분야의 기술사 또는 기능장 자격을 취득한 사람 2) 통합허가 관련 분야의 박사 학위를 취득한 사람 3) 「국가기술자격법」에 따른 통합허가 관련 분야의 기사 자격을 취득한 사람으로서 통합허가 관련 분야 업무에 4년 이상 종사한 사람 4) 통합허가 관련 분야의 석사 학위를 취득한 사람으로서 통합허가 관련 분야 업무에 3년 이상 종사한 사람 5) 학사 학위를 취득한 사람으로서 통합허가 관련 분야 업무에 10년 이상 종사한 사람 6) 통합허가 관련 분야 업무에 15년 이상 종사한 사람
나. 일반 인력	다음의 어느 하나에 해당하는 사람을 상근인력으로 4명 이상 보유할 것 1) 「국가기술자격법」에 따른 통합허가 관련 분야의 기사 자격을 취득한 사람 2) 통합허가 관련 분야의 석사 학위를 취득한 사람

	3) 「국가기술자격법」에 따른 통합허가 관련 분야의 산업기사 자격을 취득한 사람으로서 통합허가 관련 분야의 업무에 3년 이상 종사한 사람
	4) 학사 학위를 취득한 사람으로서 통합허가 관련 분야의 업무에 3년 이상 종사한 사람
	5) 통합허가 관련 분야 업무에 5년 이상 종사한 사람

비고

1. "통합허가 관련 분야"란 대기, 수질, 폐기물, 상하수도, 소음·진동, 토양보전, 환경보건, 환경정책, 환경관리, 환경기술개발·연구, 화학공학 및 화학 등 통합허가 대상 업종과 관련이 있는 분야를 말한다.

2. 통합허가 관련 분야의 업무에 종사한 경력은 학위 또는 「국가기술자격법」에 따른 관련 자격 취득 전후의 경력을 모두 포함한다.

3. 나목의 일반인력에는 통합허가 관련 분야 중 대기 분야의 자격 또는 학위를 취득한 사람 또는 대기 분야의 업무에 종사한 사람을 2명(그에 해당하는 사람을 가목의 고급인력에 포함하는 경우에는 1명) 이상 포함해야 한다.

4. 통합허가대행업의 기술인력으로 포함된 사람은 다른 통합허가대행업 또는 다른 사업자[「환경기술 및 환경산업 지원법」 제15조에 따른 환경전문공사업자, 같은 법 제16조의4에 따라 등록한 환경컨설팅회사 및 「엔지니어링산업 진흥법」 제21조에 따라 신고한 엔지니어링사업자(같은 법 시행령 별표 1의 기술부문 중 환경부문으로 신고한 경우로 한정한다)는 제외한다]의 기술인력으로 중복하여 포함될 수 없다.

2. 시설 및 장비

가. 사무실

나. 법 제6조제4항에 따른 통합환경관리계획서의 작성에 필요한 컴퓨터(도면설계 프로그램을 포함한다) 1대 이상

[별표 6], [별표 7], [별표 8], [별표 9]는 사업장이 배출하는 오염물질의 배출량에 대해 설명한다. [별표 6] 확정배출량의 산정방법(제9조제4항 관련)은 사업장의 확정배출량을 산정하는 방법, [별표 7] 기준이내 배출량의 조정 방법(제9조제5항 관련)은 허가를 위한 배출량을 산정하기 위한 사업장

의 운용 기준 및 기준 이내로 들어오는 배출량을 조정하는 기준에 대한 내용이며, [별표 8] 초과배출부과금 산정을 위한 기준초과 배출량 등의 산정기준 (제10조제1항 후단 관련)은 배출량이 초과되는 경우 초과배출부과금을 산정하는 절차를 설명하였다. 마지막으로 [별표 9] 배출부과금의 부과대상 오염물질등(제11조 관련)은 초과배출부과금을 산정하는 오염물질의 종류를 명시하였다.

■ **환경오염시설의 통합관리에 관한 법률 시행령 [별표 6] 〈개정 2019. 5. 21.〉**

확정배출량의 산정방법(제9조제4항 관련)

1. 대기오염물질을 배출하는 경우
  가. 자동측정기기로 측정·전송하지 않는 대기오염물질
   1) 자가측정 결과가 없는 시설의 경우: 확정배출량은 환경부령으로 정하는 대기오염물질 배출계수에 해당 부과기간에 사용한 배출계수별 단위량(연료사용량, 원료투입량 또는 제품생산량 등을 말한다)을 곱하여 산정한 양을 킬로그램 단위로 표시한 양으로 한다.
   2) 자가측정 결과가 있는 시설의 경우
    가) 자가측정 결과에 따른 일일평균 배출량에 부과기간 중의 실제 조업일수를 곱하여 산정한다. 이 경우 일일평균 배출량의 산정방법은 다음과 같다.
     (1) 해당 부과기간에 법 제30조에 따른 검사를 받지 않은 경우

$$\frac{\text{자가측정된 각각의 일일 배출량의 합계}}{\text{자가측정 횟수}}$$

     (2) 해당 부과기간에 법 제30조에 따른 검사를 받은 결과, 허가배출기준 이내인 경우

$$\frac{\text{(1)에 따른 일일평균 배출량 + 검사 결과에 따른 오염물질 배출량의 합계}}{1 + \text{검사 횟수}}$$

    나) 해당 부과기간에 법 제30조에 따른 검사를 받은 결과, 1회 이상 허가배출기준을 초과한 경우에는 가)(2)에 따라 산정한 배출량에 다음의 계산식에 따른 추가배출량을 더하여 산정한다.

$$추가배출량 = (허가배출기준농도 - 일일평균\ 배출농도)$$
$$\times\ 초과배출기간\ \times\ 검사\ 결과에\ 따른\ 측정가스유량$$

비고
1. 확정배출량과 일일평균 배출량은 킬로그램 단위로 표시한 양으로 한다.
2. 사업자는 해당 부과기간에 제7조제4항(제19조제3항 및 제22조제3항에 따라 준용되는 경우를 포함한다)에 따른 오염물질 측정 결과를 통지받은 경우에는 해당 시설에 대한 오염물질 배출량을 통지받은 것으로 보아 확정배출량을 산정할 때 그 결과를 반영하여야 한다.
3. 가목2)가)(1)에 따른 일일 배출량은 해당 부과기간에 배출시설에 연결된 배출구별로 정해진 자가측정 횟수에 따라 측정된 자가측정 농도에 측정 당시의 배출가스의 유량(이하 "측정가스유량"이라 한다)에 따라 계산한 날의 배출가스 총량(이하 "일일가스유량"이라 한다)을 곱하여 산정한다. 이 경우 측정가스유량 및 일일가스유량은 별표 8 제1호가목1)다) 방법에 따라 산정한다.
4. 가목2)나)에 따른 일일평균 배출농도는 부과기간에 측정된 자가측정 농도를 합산하여 이를 자가측정 횟수로 나눈 값에 검사 결과에 따른 오염물질 배출농도를 합산한 후, 이를 검사 횟수에 1을 더한 값으로 나누어 산정한다. 다만, 검사 결과 허가배출기준을 초과한 경우에는 이를 오염물질 배출농도 및 검사횟수의 산정에서 제외한다.
5. 가목2)나)에 따른 초과배출기간은 별표 8 제1호가목1)가)에 따른 배출기간을 준용하되, 초과배출기간의 종료일이 확정배출량에 관한 자료 제출기간의 종료일 이후인 경우에는 해당 자료 제출일까지의 기간을 초과배출기간으로 한다.

나. 자동측정기기로 측정·전송하는 대기오염물질
자동측정기기로 측정·전송된 배출농도의 30분 평균치(「대기환경보전법 시행령」 제21조제2항제1호 후단에 따른 30분 평균치를 말한다)에 해당 30분 동안의 배출가스유량을 곱하여 배출량을 산정하고, 별표 10 제1호에 따른 부과기간 동안 이를 합산하여 산정한다.

2. 수질오염물질을 배출하는 경우
 가. 자동측정기기로 측정·전송하지 않는 수질오염물질
  1) 자가측정 결과에 따른 일일평균 기준이내 배출량에 부과기간 중의 실제 조

업일수를 곱하여 산정한 양을 킬로그램 단위로 표시한 양으로 한다.

2) 1)에 따른 일일평균 기준이내 배출량의 산정방법은 다음과 같다.

일일평균 기준이내 배출량

= 일일평균 배출량 - (방류수수질기준 × 일일평균 폐수유량)

3) 2)에 따른 일일평균 배출량의 산정방법에 관하여는 제1호가목2)가) 후단을 준용한다. 이 경우 일일 배출량은 측정 당시의 배출농도에 그 날의 폐수총량(이하 "일일폐수유량"이라 한다)을 곱하여 산정하며, 일일폐수유량의 산정에 관하여는 별표 8 제2호가목1)다)를 준용한다.

4) 2)에 따른 일일평균 폐수유량의 산정에 관하여는 제1호가목2)가) 후단을 준용한다. 이 경우 "일일평균 배출량"은 "일일평균 폐수유량"으로, "일일 배출량"은 "일일폐수유량"으로 본다.

나. 자동측정기기로 측정·전송하는 수질오염물질

자동측정기기로 측정·전송된 배출농도의 3시간 평균치(「물환경보전법 시행령」 제41조제5항제1호에 따른 3시간 평균치를 말한다)가 방류수 수질기준을 초과한 경우 그 초과한 3시간의 방류수 수질기준 초과농도(방류수 수질기준을 초과한 3시간 평균치에서 방류수 수질기준농도를 뺀 값을 말한다)에 해당 3시간의 평균 배출폐수유량을 곱하여 배출량을 산정하고, 별표 10 제1호에 따른 부과기간 동안 이를 합산하여 산정한다.

■ 환경오염시설의 통합관리에 관한 법률 시행령 [별표 7] 〈개정 2019. 5. 21.〉

기준이내 배출량의 조정 방법(제9조제5항 관련)

1. 대기오염물질을 배출하는 경우

가. 사업자가 확정배출량에 관한 자료를 제출하지 않은 경우: 해당 사업자가 다음의 조건에 모두 해당하는 상태에서 오염물질을 배출한 것으로 추정한 배출량을 기준이내 배출량으로 한다.

1) 부과기간에 배출시설별 오염물질의 허가배출기준 농도로 배출했을 것
2) 배출시설 또는 방지시설의 최대시설용량으로 가동했을 것
3) 1일 24시간 조업했을 것

나. 자료심사 및 현지조사 결과, 사업자가 제출한 확정배출량의 내용(사용연료

등에 관한 내용을 포함한다)이 실제와 다른 경우: 자료심사와 현지조사 결과를 근거로 산정한 배출량을 기준이내 배출량으로 한다.

다. 사업자가 제출한 확정배출량에 관한 자료가 명백히 거짓으로 판명된 경우: 가목에 따라 추정한 배출량의 100분의 120에 해당하는 배출량을 기준이내 배출량으로 한다.

2. 수질오염물질을 배출하는 경우

가. 사업자가 확정배출량에 관한 자료를 제출하지 않은 경우: 법 제30조에 따른 검사 당시의 배출농도와 일일폐수유량으로 배출한 것으로 보고 다음의 기준에 따라 산정한 검사배출량의 100분의 120에 해당하는 배출량을 기준이내 배출량으로 한다.

 1) 법 제30조에 따른 검사 당시의 배출농도와 일일폐수유량을 곱하여 일일검사배출량을 산정한다.

 2) 1)에 따라 산정한 일일검사배출량을 합산한 값을 검사횟수로 나누어 일일평균 검사배출량을 산정한다.

 3) 2)에 따라 산정한 일일평균 검사배출량에서 방류수 수질기준 이하의 배출량을 뺀 나머지 양에 조업일수를 곱하여 검사배출량을 산정한다.

나. 사업자가 제출한 확정배출량이 가목에 따른 검사배출량보다 100분의 20 이상 적은 경우: 검사배출량의 100분의 120에 해당하는 배출량을 기준이내 배출량으로 한다.

■ 환경오염시설의 통합관리에 관한 법률 시행령 [별표 8] 〈개정 2021. 6. 29.〉

초과배출부과금 산정을 위한 기준초과 배출량 등의 산정기준 (제10조제1항 후단 관련)

1. 대기오염물질을 배출하는 경우
 가. 기준초과 배출량
  1) 자동측정기기로 측정·전송하지 않는 대기오염물질
   가) 다음의 구분에 따른 배출기간 중에 허가배출기준을 초과하여 조업함으로써 배출되는 오염물질의 양으로 하되, 일일 기준초과 배출량에 배출기간의 일

수(日數)를 곱하여 산정한다. 이 경우 배출기간의 일수를 계산하는 방법은 「민법」을 따르되, 첫 날을 산입한다.

　(1) 제8조제1항에 따른 자체 개선계획서를 제출하고 개선하는 경우: 개선계획서에 허가배출기준 초과일부터 개선 완료일까지의 기간

　(2) (1) 외의 경우: 오염물질이 배출되기 시작한 날(배출되기 시작한 날을 알 수 없는 경우에는 허가배출기준 초과 여부의 검사를 위한 오염물질 채취일)부터 법 제14조 및 제22조에 따른 개선명령, 조업정지·사용중지명령, 폐쇄명령의 이행완료일 또는 허가취소일까지의 기간

나) 가)에 따른 일일 기준초과 배출량은 법 제14조 및 제22조에 따른 개선명령, 조업정지·사용중지명령, 폐쇄명령 또는 허가취소의 원인이 되는 오염물질 채취일(제8조제1항에 따라 자체 개선계획서를 제출하고 개선하는 경우에는 같은 조 제2항에 따른 오염물질의 채취일을 말한다) 당시 오염물질의 허가배출기준 초과농도에 일일가스유량을 곱하여 산정한 양을 킬로그램 단위로 표시한 양으로 하며, 오염물질에 따른 구체적인 산정방법은 다음과 같다.

구분	오염물질	산정방법
일반오염물질	황산화물	일일가스유량 × 허가배출기준 초과농도 × 10^{-6} × 64 ÷ 22.4
	먼지	일일가스유량 × 허가배출기준 초과농도 × 10^{-6}
	질소산화물	일일가스유량 × 허가배출기준 초과농도 × 10^{-6} × 46 ÷ 22.4
	암모니아	일일가스유량 × 허가배출기준 초과농도 × 10^{-6} × 17 ÷ 22.4
	황화수소	일일가스유량 × 허가배출기준 초과농도 × 10^{-6} × 34 ÷ 22.4
	이황화탄소	일일가스유량 × 허가배출기준 초과농도 × 10^{-6} × 76 ÷ 22.4
특정대기유해물질	불소화물	일일가스유량 × 허가배출기준 초과농도 × 10^{-6} × 19 ÷ 22.4
	염화수소	일일가스유량 × 허가배출기준 초과농도 × 10^{-6} × 36.5 ÷ 22.4
	시안화수소	일일가스유량 × 허가배출기준 초과농도 × 10^{-6} × 27 ÷ 22.4

비고
1. 허가배출기준 초과농도 = 배출농도 - 허가배출기준 농도
2. "특정대기유해물질"이란 「대기환경보전법」 제2조제9호의 특정대기유해물질을 말한다.
3. 특정대기유해물질의 일일 기준초과 배출량은 소수점 이하 넷째 자리까지 계산하며, 그 밖의 대기오염물질은 소수점 이하 첫째 자리까지 계산한다.
4. 먼지의 배출농도 단위는 세제곱미터당 밀리그램(mg/Sm^3)으로 하고, 그 밖의 오염물질의 배출농도 단위는 피피엠(ppm)으로 한다.

다) 일일가스유량의 산정방법은 다음과 같다. 이 경우 측정가스유량은 「환경분야 시험·검사 등에 관한 법률」 제6조제1항제1호에 해당하는 분야에 대한 환경오염공정시험기준에 따라 산정한다.

$$일일가스유량 = 측정가스유량 \times 일일조업시간$$

비고
1. 측정가스유량의 단위는 시간당 세제곱미터(m^3/h)로 한다.
2. 일일조업시간은 배출량을 측정하기 전 최근 조업한 30일 동안의 배출시설 조업시간 평균치를 시간으로 표시한다.

2) 자동측정기기로 측정·전송하는 대기오염물질

가) 자동측정기기로 측정·전송된 자료의 30분 평균치가 허가배출기준을 초과한 경우 그 초과한 30분 동안의 허가배출기준 초과농도(허가배출기준을 초과한 30분 평균치에서 허가배출기준농도를 뺀 값을 말한다)에 해당 30분 동안의 배출가스유량을 곱하여 초과배출량을 산정하고, 별표 10 제2호가목에 따른 부과기간 동안 이를 합산하여 산정한다.

나) 기본배출부과금 부과대상 대기오염물질에 대한 초과배출량을 산정하는 경우로서 허가배출기준을 초과한 날 이전 3개월간 평균 배출농도가 허가배출기준의 30퍼센트 미만인 경우에는 가)에 따라 산정한 초과배출량에서 다음의 초과배출량 공제분을 공제한다.

$$초과배출량 공제분 = (허가배출기준농도 - 3개월간 평균 배출농도) \times 3개월간 평균 배출가스유량$$

비고
 1. 3개월간 평균 배출농도는 허가배출기준을 초과한 날 이전 정상 가동된 3개월 동안의 30분 평균치를 산술평균한 값으로 한다.
 2. 3개월간 평균 배출가스유량은 허가배출기준을 초과한 날 이전 정상 가동된 3개월간 매 30분 동안의 배출가스유량을 산술평균한 값으로 한다.
 3. 초과배출량 공제분이 초과배출량을 초과하는 경우에는 초과배출량을 초과배출량 공제분으로 한다.
 나. 연도별 부과금산정지수: 「대기환경보전법 시행령」 제26조제1항에서 정하는 방법에 따른다.
 다. 위반횟수별 부과계수
  1) 위반횟수별 부과계수는 다음의 구분에 따른 비율을 곱한 것으로 한다.
   가) 위반이 없는 경우: 100분의 100
   나) 처음 위반한 경우: 100분의 105
   다) 2차 이상 위반한 경우: 위반 직전의 부과계수에 100분의 105를 곱한 값
  2) 자동측정기기로 측정·전송하지 않는 대기오염물질의 경우 위반횟수는 허가배출기준을 초과하여 초과배출부과금 부과대상 오염물질을 배출함으로써 법 제14조 및 제22조에 따른 개선명령, 조업정지·사용중지명령, 폐쇄명령 또는 허가취소를 받은 횟수로 하며, 사업장의 배출구별로 위반행위를 한 날(위반행위를 한 날을 알 수 없는 경우에는 개선명령, 조업정지·사용중지명령, 폐쇄명령 또는 허가취소의 원인이 되는 오염물질 채취일을 말한다. 이하 이 표에서 같다) 이전의 최근 2년을 단위로 산정한다.
  3) 자동측정기기로 측정·전송하는 대기오염물질의 경우 자동측정기기로 측정·전송된 자료의 30분 평균치가 허가배출기준을 초과하는 횟수를 위반횟수로 하되, 30분 평균치가 24시간 이내에 2회 이상 허가배출기준을 초과하는 경우에는 위반횟수를 1회로 보며, 제20조제1항에 따른 자체 개선계획서를 제출하고 허가배출기준을 초과하는 경우에는 개선기간 중의 위반횟수를 1회로 본다. 이 경우 위반횟수는 각 배출구마다 오염물질별로 3개월을 단위로 산정한다.
  4) 제8조제1항에 따른 자체 개선계획서를 제출하고 개선하는 경우 그 개선계획서에 따른 개선기간 중의 위반횟수별 부과계수는 100분의 100으로 한다.
 라. 지역별 부과계수, 허가배출기준 초과율별 부과계수, 오염물질등 1킬로그램당 부과금액

(금액단위: 원)

구 분	오염물질등 1킬로그램당 부과금액	허가배출기준 초과율별 부과계수								지역별 부과계수		
		20% 미만	20% 이상 40% 미만	40% 이상 80% 미만	80% 이상 100% 미만	100% 이상 200% 미만	200% 이상 300% 미만	300% 이상 400% 미만	400% 이상	Ⅰ지역	Ⅱ지역	Ⅲ지역
황산화물	500	1.2	1.56	1.92	2.28	3.0	4.2	4.8	5.4	2	1	1.5
먼지	770	1.2	1.56	1.92	2.28	3.0	4.2	4.8	5.4	2	1	1.5
질소산화물	2,130	1.2	1.56	1.92	2.28	3.0	4.2	4.8	5.4	2	1	1.5
암모니아	1,400	1.2	1.56	1.92	2.28	3.0	4.2	4.8	5.4	2	1	1.5
황화수소	6,000	1.2	1.56	1.92	2.28	3.0	4.2	4.8	5.4	2	1	1.5
이황화탄소	1,600	1.2	1.56	1.92	2.28	3.0	4.2	4.8	5.4	2	1	1.5
불소화물	2,300	1.2	1.56	1.92	2.28	3.0	4.2	4.8	5.4	2	1	1.5
염화수소	7,400	1.2	1.56	1.92	2.28	3.0	4.2	4.8	5.4	2	1	1.5
시안화수소	7,300	1.2	1.56	1.92	2.28	3.0	4.2	4.8	5.4	2	1	1.5

비고

1. 허가배출기준 초과율(%) = $\dfrac{\text{배출농도} - \text{허가배출기준 농도}}{\text{허가배출기준 농도}} \times 100$
2. Ⅰ지역: 「국토의 계획 및 이용에 관한 법률」 제36조에 따른 주거지역·상업지역, 같은 법 제37조에 따른 취락지구 및 「택지개발촉진법」 제3조에 따른 택지개발예정지구
3. Ⅱ지역: 「국토의 계획 및 이용에 관한 법률」 제36조에 따른 공업지역, 같은 법 제37조에 따른 개발진흥지구(관광·휴양개발진흥지구는 제외한다), 같은 법 제

40조에 따른 수산자원보호구역, 「산업입지 및 개발에 관한 법률」 제2조제8호가목 및 나목에 따른 국가산업단지 및 일반산업단지, 「전원개발촉진법」 제5조 및 제11조에 따른 전원개발사업구역 및 전원개발사업 예정구역

4. Ⅲ지역: 「국토의 계획 및 이용에 관한 법률」 제36조에 따른 녹지지역·관리지역·농림지역 및 자연환경보전지역, 같은 법 제37조 및 같은 법 시행령 제31조에 따른 관광·휴양개발진흥지구

5. 제8조제1항에 따른 자체 개선계획서를 제출하고 개선하는 경우 그 개선계획서에 따른 개선기간 중의 허가배출기준 초과율별 부과계수는 1로 한다.

　마. 정액부과금: 0원

2. 수질오염물질을 배출하는 경우
 가. 기준초과 배출량
　1) 자동측정기기로 측정·전송하지 않는 수질오염물질
　 가) 다음의 구분에 따른 배출기간 중에 허가배출기준을 초과하여 조업함으로써 배출되는 오염물질의 양으로 하되, 일일 기준초과 배출량에 배출기간의 일수를 곱하여 산정한다. 이 경우 배출기간의 일수를 계산하는 방법은 「민법」을 따르되, 첫 날을 산입한다.
　　(1) 제8조제1항에 따른 자체 개선계획서를 제출하고 개선하는 경우: 개선계획서에 명시된 허가배출기준 초과일부터 개선완료일까지의 기간
　　(2) (1) 외의 경우: 오염물질이 배출되기 시작한 날(배출되기 시작한 날을 알 수 없는 경우에는 허가배출기준 초과 여부의 검사를 위한 오염물질 채취일)부터 법 제14조 및 제22조에 따른 개선명령, 조업정지·사용중지명령, 폐쇄명령의 이행완료일 또는 허가취소일이나 법 제21조제1항제2호 각 목의 어느 하나에 해당하는 행위를 중단한 날까지의 기간
　 나) 가)에 따른 일일 기준초과 배출량은 법 제14조 및 제22조에 따른 개선명령, 조업정지·사용중지명령, 폐쇄명령 또는 허가취소의 원인이 되는 오염물질 채취일(제8조제1항에 따라 자체 개선계획서를 제출하고 개선하는 경우에는 같은 조 제2항에 따른 오염물질의 채취일을 말한다) 당시 오염물질의 허가배출기준 초과농도에 일일폐수유량을 곱하여 산정한 양을 킬로그램 단위로 표시한 양으로 하며, 구체적인 산정방법은 다음과 같다.

일일 기준초과 배출량 = 일일폐수유량 × 허가배출기준 초과농도 × 10^{-6}

비고
1. 허가배출기준 초과농도 = 배출농도 - 허가배출기준 농도
2. 특정수질유해물질의 일일 기준초과 배출량은 소수점 이하 넷째 자리까지 계산하며, 그 밖의 수질오염물질은 소수점 이하 첫째 자리까지 계산한다.
3. 배출농도의 단위는 리터당 밀리그램(mg/L)으로 한다.
  다) 일일폐수유량의 산정방법은 다음과 같다.

$$\text{일일폐수유량} = \text{측정폐수유량} \times \text{일일조업시간}$$

비고
1. "측정폐수유량"이란 배출농도를 측정한 당시의 폐수유량을 말하며, 단위는 분당 리터(L/min)로 한다.
2. 측정폐수유량은 「환경분야 시험·검사 등에 관한 법률」 제6조에 따른 환경오염 공정시험기준에 따라 산정한다. 다만, 산정이 불가능하거나 실제유량과 현저한 차이가 있다고 인정되는 경우에는 다음 각 목의 방법에 따라 산정한다.
  가. 법 제19조제1항에 따른 적산유량계로 측정하여 산정한다.
  나. 가목에 따른 방법이 적합하지 않은 경우에는 방지시설 운영일지상의 시료채취일 직전 최근 조업한 30일간의 평균 폐수의 유량으로 산정한다.
  다. 가목 및 나목의 방법이 모두 적합하지 않은 경우에는 해당 사업장의 물 사용량(수돗물·공업용수·지하수·하천수 또는 해수 등 그 사업장에서 사용하는 모든 물을 포함한다)에서 생활용수량, 제품함유량, 그 밖에 폐수로 발생되지 아니하는 물의 양을 빼는 방법으로 산정한다.
3. 일일조업시간은 배출량을 측정하기 전 최근 조업한 30일 동안의 배출시설 조업시간 평균치로서 분으로 표시한다.
  2) 자동측정기기로 측정·전송하는 수질오염물질
  자동측정기기로 측정·전송된 자료의 3시간 평균치가 허가배출기준을 초과한 경우 그 초과한 3시간의 허가배출기준 초과농도(허가배출기준을 초과한 3시간 평균치에서 허가배출기준농도를 뺀 값을 말한다)에 해당 3시간의 평균 배출유량을 곱하여 산정한다.
  나. 연도별 부과금산정지수: 「물환경보전법 시행령」 제49조제1항에서 정하는 방법에 따른다.
  다. 위반횟수별 부과계수

1) 사업장의 종류별 구분에 따른 위반횟수별 부과계수

종류	위반횟수별 부과계수
제1종 사업장	1. 처음 위반한 경우 | 사업장 규모	2,000㎥/일 이상 4,000㎥/일 미만	4,000㎥/일 이상 7,000㎥/일 미만	7,000㎥/일 이상 10,000㎥/일 미만	10,000㎥/일 이상 | |---|---|---|---|---| | 부과계수 | 1.5 | 1.6 | 1.7 | 1.8 | 2. 그 다음 위반부터는 그 위반 직전의 부과계수에 1.5를 곱한 것으로 한다.
제2종 사업장	1. 처음 위반한 경우: 1.4 2. 그 다음 위반부터는 그 위반 직전의 부과계수에 1.4를 곱한 것으로 한다.
제3종 사업장	1. 처음 위반한 경우: 1.3 2. 그 다음 위반부터는 그 위반 직전의 부과계수에 1.3을 곱한 것으로 한다.
제4종 사업장	1. 처음 위반한 경우: 1.2 2. 그 다음 위반부터는 그 위반 직전의 부과계수에 1.2를 곱한 것으로 한다.
제5종 사업장	1. 처음 위반한 경우: 1.1 2. 그 다음 위반부터는 그 위반 직전의 부과계수에 1.1을 곱한 것으로 한다.

비고: 사업장의 규모별 구분은 0「물환경보전법 시행령」 별표 13에서 정하는 방법에 따른다.

2) 위반횟수 적용의 일반 기준

가) 위반횟수는 허가배출기준을 초과하여 초과배출부과금 부과대상 오염물질을 배출함으로써 법 제14조 및 제22조에 따른 개선명령, 조업정지·사용중지명령, 폐쇄명령 또는 허가취소를 받은 횟수로 하며, 그 부과금 부과의 원인이 되는 위반행위를 한 날을 기준으로 최근 2년간의 위반행위를 한 횟수로 한다.

나) 둘 이상의 위반행위로 하나의 행정처분을 받은 경우에는 하나의 위반행위로 보되, 그 위반일은 가장 최근에 위반한 날을 기준으로 한다.

다) 제8조제1항에 따라 자체 개선계획서를 제출하고 개선하는 경우에는 위반횟수별 부과계수를 적용하지 않는다.

라. 허가배출기준 초과율별 부과계수, 지역별 부과계수, 오염물질등 1킬로그램 당 부과금액

1) 허가배출기준 초과율별 부과계수, 지역별 부과계수

구 분	허가배출기준 초과율별 부과계수								지역별 부과계수		
	20% 미만	20% 이상 40% 미만	40% 이상 80% 미만	80% 이상 100% 미만	100% 이상 200% 미만	200% 이상 300% 미만	300% 이상 400% 미만	400% 이상	청정지역 및 가지역	나지역	특례지역
유기물질	3.0	4.0	4.5	5.0	5.5	6.0	6.5	7.0	2	1.5	1
부유물질	3.0	4.0	4.5	5.0	5.5	6.0	6.5	7.0	2	1.5	1
총 질소	3.0	4.0	4.5	5.0	5.5	6.0	6.5	7.0	2	1.5	1
총 인	3.0	4.0	4.5	5.0	5.5	6.0	6.5	7.0	2	1.5	1
크롬 및 그 화합물	3.0	4.0	4.5	5.0	5.5	6.0	6.5	7.0	2	1.5	1
망간 및 그 화합물	3.0	4.0	4.5	5.0	5.5	6.0	6.5	7.0	2	1.5	1
아연 및 그 화합물	3.0	4.0	4.5	5.0	5.5	6.0	6.5	7.0	2	1.5	1
페놀류	3.0	4.0	4.5	5.0	5.5	6.0	6.5	7.0	2	1.5	1
시안화합물	3.0	4.0	4.5	5.0	5.5	6.0	6.5	7.0	2	1.5	1
구리 및 그 화합물	3.0	4.0	4.5	5.0	5.5	6.0	6.5	7.0	2	1.5	1
카드뮴 및 그 화합물	3.0	4.0	4.5	5.0	5.5	6.0	6.5	7.0	2	1.5	1
수은 및 그 화합물	3.0	4.0	4.5	5.0	5.5	6.0	6.5	7.0	2	1.5	1
유기인화합물	3.0	4.0	4.5	5.0	5.5	6.0	6.5	7.0	2	1.5	1
비소 및 그 화합물	3.0	4.0	4.5	5.0	5.5	6.0	6.5	7.0	2	1.5	1
납 및 그 화합물	3.0	4.0	4.5	5.0	5.5	6.0	6.5	7.0	2	1.5	1
6가크롬화합물	3.0	4.0	4.5	5.0	5.5	6.0	6.5	7.0	2	1.5	1
폴리염화비페닐	3.0	4.0	4.5	5.0	5.5	6.0	6.5	7.0	2	1.5	1
트리클로로에틸렌	3.0	4.0	4.5	5.0	5.5	6.0	6.5	7.0	2	1.5	1
테트라클로로에틸렌	3.0	4.0	4.5	5.0	5.5	6.0	6.5	7.0	2	1.5	1

비고

1. 허가배출기준 초과율(%) = $\dfrac{\text{배출농도} - \text{허가배출기준 농도}}{\text{허가배출기준 농도}} \times 100$

2. 법 제21조제1항제2호다목 단서에 따라 수질오염물질을 희석하여 배출하는 경우 허가배출기준 초과율별 부과계수의 산정 시 허가배출기준 초과율의 적용은 희석수(稀釋水)를 제외한 폐수의 배출농도를 기준으로 한다.

3. 제8조제1항에 따른 자체 개선계획서를 제출하고 개선하는 경우에는 허가배출기준 초과율별 부과계수를 적용하지 않는다.

2) 오염물질등 1킬로그램당 부과금액

(단위: 원)

구 분		오염물질등 1킬로그램당 부과금액
유기물질	배출농도를 생물화학적 산소요구량 또는 화학적 산소요구량으로 측정한 경우	250
	배출농도를 총유기탄소량으로 측정한 경우	450
부유물질		250
총 질소		500
총 인		500
크롬 및 그 화합물		75,000
망간 및 그 화합물		30,000
아연 및 그 화합물		30,000
페놀류		150,000
시안화합물		150,000
구리 및 그 화합물		50,000
카드뮴 및 그 화합물		500,000
수은 및 그 화합물		1,250,000
유기인화합물		150,000
비소 및 그 화합물		100,000
납 및 그 화합물		150,000
6가크롬화합물		300,000
폴리염화비페닐		1,250,000
트리클로로에틸렌		300,000
테트라클로로에틸렌		300,000

비고

유기물질 초과배출부과금은 생물화학적 산소요구량 또는 총유기탄소량으로 각각 산정한 금액 중 높은 금액으로 한다. 다만, 2020년 4월 1일 전에 법 제6조제1항에 따라 허가받은 시설에 대한 유기물질 초과배출부과금은 2020년 4월 1일부터 2021년 12월 31일까지는 생물화학적 산소요구량 또는 화학적 산소요구량으로 각각 산정한 금액 중 높은 금액으로 한다.

마. 정액부과금

1) 정액부과금은 「물환경보전법 시행령」 별표 13에 따른 사업장 규모별 구분에 따라 다음과 같이 부과한다.

가) 제1종사업장: 400만원
나) 제2종사업장: 300만원
다) 제3종사업장: 200만원
라) 제4종사업장: 100만원
마) 제5종사업장: 50만원

2) 1)에도 불구하고 제8조제1항에 따른 자체 개선계획서를 제출하고 개선하는 사업자에게 초과배출부과금을 부과하는 경우에는 정액부과금을 적용하지 않는다.

■ 환경오염시설의 통합관리에 관한 법률 시행령 [별표 9] 〈개정 2019. 5. 21.〉

배출부과금의 부과대상 오염물질등(제11조 관련)

1. 기본배출부과금의 부과대상 오염물질등
  가. 대기오염물질
    1) 황산화물
    2) 먼지
    3) 질소산화물
  나. 수질오염물질
    1) 유기물질
    2) 부유물질

2. 초과배출부과금의 부과 대상 오염물질등
    가. 대기오염물질
      1) 황산화물
      2) 암모니아
      3) 황화수소
      4) 이황화탄소
      5) 먼지
      6) 불소화물
      7) 염화수소
      8) 질소산화물
      9) 시안화수소
    나. 수질오염물질
      1) 유기물질
      2) 부유물질
      3) 카드뮴 및 그 화합물
      4) 시안화합물
      5) 유기인화합물
      6) 납 및 그 화합물
      7) 6가크롬화합물
      8) 비소 및 그 화합물
      9) 수은 및 그 화합물
      10) 폴리염화비페닐(polychlorinated biphenyl)
      11) 구리 및 그 화합물
      12) 크롬 및 그 화합물
      13) 페놀류
      14) 트리클로로에틸렌
      15) 테트라클로로에틸렌
      16) 망간 및 그 화합물
      17) 아연 및 그 화합물
      18) 총 질소
      19) 총 인

[별표 12]는 대기와 수질 오염물질 측정을 위한 측정기기 사용법에 대해 자세히 설명한다.

■ 환경오염시설의 통합관리에 관한 법률 시행령 [별표 12] 〈개정 2022. 5. 3.〉

측정기기별 부착 대상·방법·시기 및 측정 대상·항목·방법(제18조제2항 관련)

1. 대기오염물질 관련 측정기기
가. 적산전력계
1) 부착대상
법 제2조제2호나목의 대기오염물질배출시설에 「대기환경보전법」 제26조에 따라 설치하는 방지시설. 다만, 다음의 방지시설은 제외한다.
가) 굴뚝 자동측정기기를 부착한 배출구와 연결된 방지시설
나) 방지시설과 배출시설이 같은 전원설비를 사용하는 등 적산전력계를 부착하지 않아도 가동상태를 확인할 수 있는 방지시설
다) 원료나 제품을 회수하는 기능을 하여 항상 가동하여야 하는 방지시설
2) 부착 방법
가) 적산전력계는 방지시설의 운영에 드는 모든 전력을 적산할 수 있도록 부착하여야 한다. 다만, 방지시설에 부대되는 기계나 기구류 등 부대시설에 사용되는 전압이나 전력의 인출지점이 달라 모든 부대시설에 적산전력계를 부착하기 곤란한 경우에는 주요 부대시설(송풍기와 펌프를 말한다)에만 부착할 수 있다.
나) 방지시설 외의 시설에서 사용하는 전력은 함께 적산되지 않도록 별도로 구분하여 부착한다. 다만, 배출시설등의 전력사용량이 대기오염방지시설의 전력사용량의 2배를 초과하지 않는 경우에는 별도로 구분하지 않고 부착할 수 있다.
3) 부착 시기: 법 제12조제1항에 따른 가동개시 신고 전까지
나. 굴뚝 자동측정기기
1) 부착대상
굴뚝 자동측정기기의 부착대상 사업장은 법 제6조제1항제1호에 따른 대기오염물질 발생량이 연간 10톤 이상인 사업장으로 하며, 부착대상 배출시설 및 측정항목은 「대기환경보전법 시행령」 별표 3 제1호에서 정한 부착대상 배출시설 및 측정항목에 따른다.
2) 굴뚝 자동측정기기의 부착 면제
굴뚝 자동측정기기 부착대상 배출시설이 다음의 어느 하나에 해당하는 경우에는 굴뚝 자동측정기기의 부착을 면제한다. 다만, 부착 면제 사유가 소멸된 경우에는

해당 면제 사유가 소멸된 날부터 6개월 이내에 굴뚝 자동측정기기를 부착하고, 「대기환경보전법 시행령」 제19조제1항제1호에 따른 굴뚝 원격감시체계 관제센터에 측정 결과를 정상적으로 전송하여야 한다.

가) 「대기환경보전법」 제26조제1항 단서에 따라 방지시설의 설치를 면제받은 경우(굴뚝 자동측정기기의 측정항목에 대한 방지시설의 설치를 면제받은 경우만 해당한다)

나) 연소가스 또는 화염이 원료 또는 제품과 직접 접촉하지 않는 시설로서 「대기환경보전법 시행령」 제43조에 따른 청정연료를 사용하는 경우(발전시설은 제외한다)

다) 액체연료만을 사용하는 연소시설로서 황산화물을 제거하는 방지시설이 없는 경우(발전시설은 제외하며, 황산화물 측정기기의 부착만 면제한다)

라) 보일러로서 사용연료를 6개월 이내에 청정연료로 변경할 계획이 있는 경우

마) 연간 가동일 수가 30일 미만인 배출시설인 경우

바) 연간 가동일 수가 30일 미만인 방지시설인 경우

사) 부착대상시설이 된 날부터 6개월 이내에 배출시설을 폐쇄할 계획이 있는 경우

3) 부착 시기 및 부착 유예

가) 굴뚝 자동측정기기는 법 제12조제1항에 따른 가동개시 신고일까지 부착하여야 한다. 다만, 같은 사업장에서 새로 굴뚝 자동측정기기를 부착하여야 하는 배출구가 10개 이상인 경우에는 가동개시일부터 6개월 이내에 모두 부착하여야 한다.

나) 가)에도 불구하고 「대기환경보전법 시행령」 별표 1에 따른 4종 사업장 또는 5종 사업장을 같은 표에 따른 1종 사업장, 2종 사업장 또는 3종 사업장으로 변경(이하 "사업장 종규모 변경"이라 한다)하려는 경우에는 변경허가를 받거나 변경신고를 한 날(이하 "종규모 변경일"이라 한다)부터 9개월 이내에 굴뚝 자동측정기기를 부착하여야 한다.

다) 가)와 나)에도 불구하고 「대기환경보전법 시행령」 별표 8 제2호에 따른 배출시설은 다음의 구분에 따라 굴뚝 자동측정기기의 부착을 유예한다.

(1) 기존 배출시설이 사업장 종규모 변경으로 새로 굴뚝 자동측정기기 부착대상시설이 된 경우로서 종규모 변경일 이전 1년 동안 매월 1회 이상 오염물질 배출량을 측정한 결과 오염물질이 배출허용기준의 30퍼센트(이하 "기본부과기준"이라 한다) 미만으로 항상 배출되는 경우에는 오염물질이 기본부과기준 이상으로 배출될 때까지 부착을 유예한다. 다만, 부착 유예를 인정받은 후 기본부과기준 이상으로 배출되는 경우에는 그 기본부과기준 이상으로 배출되는 날부터 6개월 이내에 굴뚝 자동측정기기를 부착하여야 한다.

(2) 신규 시설은 오염물질이 기본부과기준 이상으로 배출될 때까지 굴뚝 자동측정기기의 부착을 유예한다. 다만, 기본부과기준 이상으로 배출되는 경우에는 그 기본부과기준 이상으로 배출되는 날부터 6개월(가동개시일부터 6개월 이내에 기

본부과기준 이상으로 배출되는 경우에는 가동개시 후 1년) 이내에 굴뚝 자동측정 기기를 부착하여야 한다.

2. 수질오염물질 관련 측정기기
가. 적산전력계 및 적산유량계
 1) 부착대상
「물환경보전법 시행령」 별표 7에 따른다.
 2) 부착 방법
  가) 적산전력계는 방지시설의 운영에 드는 모든 전력을 적산할 수 있도록 부착하되, 방지시설 외의 시설에서 사용하는 전력은 함께 적산되지 않도록 별도로 구분하여 부착하여야 한다.
  나) 상수도·공업용수·지하수·하천수 등을 사용하는 경우에는 각각 용수 적산유량계를 부착하여야 한다. 다만, 관계 법령에 따라 사용 유량을 측정할 수 있는 계기를 설치한 경우에는 용수 적산유량계를 설치한 것으로 본다.
  다) 폐수를 1차 처리한 후 공동방지시설, 공공폐수처리시설 또는 공공하수처리시설 등으로 유입시켜 폐수를 2차 처리하는 경우에는 사업장별로 1차 처리수 방류구에 각각 하수·폐수 적산유량계를 부착하여야 한다.
  라) 나목에 따라 수질자동측정기기 및 부대시설을 부착하여야 하는 사업장은 하수·폐수 적산유량계로 측정되는 자동측정자료가 「환경분야 시험·검사 등에 관한 법률」 제6조에 따른 환경오염공정시험기준에서 정하는 바에 따라 「물환경보전법 시행령」 제37조제2항에 따른 수질원격감시체계 관제센터에 전송될 수 있도록 부착하여야 한다.
 3) 부착 시기: 법 제12조제1항에 따른 가동개시 신고 전까지
나. 수질자동측정기기
 1) 측정 대상 및 항목
「물환경보전법 시행령」 별표 7에 따른다.
 2) 부착 방법
  가) 수질자동측정기기의 자동측정자료를 「환경분야 시험·검사 등에 관한 법률」 제6조에 따른 환경공정시험기준에서 정하는 바에 따라 「물환경보전법 시행령」 제37조제2항에 따른 수질원격감시체계 관제센터에 전송될 수 있도록 부착하여야 한다.
  나) 지역적 여건이나 폐수의 특성이 달라 방지시설을 2개 이상 설치하여 가동하는 사업장은 시설별로 수질자동측정기기를 부착하여야 한다. 다만, 다음의 경우에는 시설별로 부착하지 않을 수 있다.
   (1) 처리용량이 200㎥/일 미만인 개별 처리시설은 그 시설에 수질자동측정

기기를 부착하지 않을 수 있다.

(2) 같은 성상(性狀)의 폐수를 2개 이상의 처리시설(변경허가나 변경승인을 받아 공사 중인 시설을 포함한다)에서 처리하는 경우로서 하나의 최종 방류구에 처리수를 방류하는 경우에는 수질자동측정기기를 처리시설별로 부착하지 않을 수 있다.

다) 가)와 나)에 따른 수질자동측정기기는 「환경분야 시험·검사 등에 관한 법률」 제9조에 따른 형식승인을 받은 측정기기(같은 법 제9조의2에 따른 예비형식승인을 받은 측정기기를 포함한다)여야 한다.

3) 부착 시기: 법 제12조제1항에 따른 가동개시 신고를 한 후 2개월 이내. 다만, 폐수배출량이 증가하여 측정기기 부착대상 사업장이 된 경우에는 법 제6조제2항에 따른 변경허가 또는 변경신고일부터 9개월 이내에 수질자동측정기기를 부착하여야 한다.

2.1.3 환경오염시설의 통합관리에 관한 법률 시행규칙

환경오염시설의 통합관리에 관한 법률 시행규칙(약칭 환경오염시설법 시행규칙)은 2023. 2. 8.에 시행되었으며 일부 개정되었다. 이 규칙은 환경오염시설의 통합관리에 관한 법률 및 같은 법 시행령에서 위임된 사항과 그 시행에 필요한 사항을 규정함을 목적으로 하는 만큼 실질적으로 통합관리 실무적 법률이다. 환경오염시설법 시행규칙은 본문, 부칙, 별표, 서식으로 구성되어 있다. 본문 제1장 총칙은 목적과 배출시설등 및 방지시설에 대하여 규정하고 있다.

제2장 통합관리사업장의 배출시설등에 대한 허가 등에서는 사전협의, 통합허가의 대상 등, 변경허가·신고의 대항, 통합허가의 신청 등, 검토 결과의 통지 등, 허가배출기준의 설정 등, 허가조건 및 허가배출기준의 변경절차 등에 대하여 규정하고 있다. 통합허가의 대상은 다음과 같다.

제4조(통합허가의 대상 등)
① 법 제6조제1항제1호에서 "환경부령으로 정하는 대기오염물질"이란 먼지, 질소산화물 및 황산화물을 말한다.

② 제1항에 따른 대기오염물질의 발생량을 산정하는 방법은 「대기환경보전법 시행규칙」 제42조제1항 및 제43조에 따른다.
③ 법 제6조제1항제2호에 따른 폐수배출량을 산정하는 방법은 「물환경보전법 시행령」 별표 13 비고 제2호에 따른다. 〈개정 2018. 1. 17.〉

제2장의2 통합허가의 대행에서는 통합허가대행업 등록의 신청, 통합허가대행업자 등의 준수사항, 통합허가대행업자의 권리·의무 승계, 업무의 폐업·휴업, 통합허가대행업자의 영업수행능력 평가 및 공시, 대행 실적의 보고, 통합허가대행업의 기술인력 육성 등에 대하여 규정하고 있다.

제3장 통합관리사업장의 배출시설등에 대한 관리 등에서는 통합관리사업장의 배출시설등에 대한 관리 등, 가동개시 신고 등, 오염도 측정 기간 및 검사기관 등, 개선계획서 등, 자체 개선계획서 등, 확정배출량 산정을 위한 자료의 작성·제출 등, 배출부과금 부과시의 고려사항, 배출부과금의 감면절차 등, 배출부과금 납부통지서 등, 측정기기의 부착 동의, 측정기기의 운영·관리기준, 조치계획서 등, 자동측정기기에 대한 자체 개선계획서 등, 수질오염물질의 희석처리 인정, 배출시설등의 설치·관리 기준 등, 조치계획서 등, 행정처분의 세부기준과 같은 세세한 부분에 대하여 규정하고 있다. 개선계획에 대해서는 다음과 같은 사항을 준수하여야 한다.

제12조(개선계획서 등)
① 법 제14조제1항에 따른 개선명령을 받은 사업자가 영 제7조제1항에 따라 환경부장관에게 개선계획서를 제출할 때에는 별지 제9호서식의 개선계획서에 다음 각 호의 구분에 따른 서류를 첨부하여 제출하여야 한다.
  1. 배출시설등 또는 방지시설 자체의 결함인 경우
    가. 배출시설등 또는 방지시설의 개선명세서 및 설계도 각 1부
    나. 다음의 경우에는 이를 증명할 수 있는 서류
      1) 개선기간 중 배출시설등의 가동을 중단하거나 제한하여 오염물질등의 농도나 배출량이 변경되는 경우
      2) 개선기간 중 공법 등의 개선으로 오염물질등의 농도나 배출량이 변경되는 경우
  2. 배출시설등 또는 방지시설 운영상의 문제인 경우: 오염물질등의 발생량 및 방지시설의 처리능력 명세서 1부
② 환경부장관은 제1항제1호나목의 내용에 대해서는 사실 여부를 현장에서 조사·확인하

여야 한다.

③ 영 제7조제3항에 따른 개선이행보고서는 별지 제10호서식에 따른다.

제4장 최적가용기법에서는 최적가용기법 마련시 고려사항 등, 기술작업반, 최적가용기법 적용사업장에 대한 지원에 대하여 규정하고 있다. 최적가용기법을 마련 시 저독성 물질 등 유해성이 낮은 물질의 사용 여부, 환경오염사고의 예방 및 피해의 최소화 여부, 환경관리기법의 적용 및 운영에 소요되는 시간을 고려하여야 하며 최대배출기준은 환경오염시설법 시행규칙 별표 15와 같다.

제5장 보칙에서는 정보 공개 등, 환경전문심사원의 업무, 출입·검사 등, 자가측정의 대상 및 항목 등, 자가측정 결과의 기록·보존, 기록·보존의 방법 등, 연간 보고서 작성 및 제출, 수수료, 규제의 재검토에 대하여 규정하고 있다.

실제적 관련법 이행을 위하여 실무적 성향의 환경오염시설법 시행규칙이므로 해당 법률 적용을 위한 서식을 제공하고 있다. 서식은 다음과 같다.

[별지 제1호서식] 사전협의 신청서
[별지 제2호서식] 사전협의 결과서
[별지 제3호서식] 배출시설등 설치·운영허가 신청서
[별지 제4호서식] 배출시설등(변경허가 신청서, 변경신고서)
[별지 제5호서식] 배출시설등(설치·운영허가, 변경허가) 검토 결과서
[별지 제6호서식] 의견서
[별지 제6호의2서식] 통합허가대행업(등록, 변경등록) 신청서
[별지 제6호의3서식] 통합허가대행업 등록증
[별지 제6호의4서식] 통합허가대행업 권리·의무 승계신고서
[별지 제6호의5서식] 통합허가대행업 (폐업, 휴업)신고서
[별지 제6호의6서식] 통합허가대행업자 영업수행능력 평가 신청서
[별지 제6호의7서식] 대행계약(체결, 변경, 이행)실적보고서
[별지 제7호서식] 배출시설등 및 방지시설 가동개시 신고서
[별지 제8호서식] 가동개시 신고필증
[별지 제9호서식] 배출시설등, 방지시설, 측정기기(개선계획서, 조치계획서)
[별지 제10호서식] 배출시설등, 방지시설, 측정기기(개선이행보고서, 조치이행보고서)
[별지 제11호서식] (배출시설등, 방지시설, 측정기기) 자체 개선계획서

[별지 제12호서식] (배출시설등, 방지시설, 측정기기)자체 개선이행보고서
[별지 제13호서식] 확정배출량 명세서
[별지 제14호서식] 배출부과금 감면 대상 명세서
[별지 제15호서식] 배출부과금 납입고지서
[별지 제16호서식] 배출부과금 산정명세서
[별지 제17호서식] 배출부과금 조정부과/환급 통지서
[별지 제18호서식] 배출부과금 조정신청서
[별지 제19호서식] 배출부과금(징수유예, 분할납부) 신청서
[별지 제20호서식] 측정기기 부착 동의서
[별지 제21호서식] 개선사유서

[별표 1] 폐기물처리시설의 종류(제2조제1항 관련)와 [별표 2]방지시설의 종류(제2제2항 관련)에서 폐기물처리시설의 종류와 방지시설의 종류에 대하여 규정하고 있다. 폐기물처리시설은 중간처분시설, 최종 처분시설, 재활용시설로 구분하고 있으며, 방지시설은 아래와 같이 구분하고 있다.

■ 환경오염시설의 통합관리에 관한 법률 시행규칙 [별표 1] 〈개정 2019. 12. 20.〉

폐기물처리시설의 종류(제2조제1항 관련)

1. 중간처분시설
 가. 소각시설
  1) 일반 소각시설
  2) 고온 소각시설
  3) 열 분해시설(가스화시설을 포함한다)
  4) 고온 용융시설
  5) 열처리 조합시설 [1)에서 4)까지의 시설 중 둘 이상의 시설이 조합된 시설]
 나. 기계적 처분시설
  1) 압축시설(동력 10마력 이상인 시설로 한정한다)
  2) 파쇄·분쇄시설(동력 20마력 이상인 시설로 한정한다)
  3) 절단시설(동력 10마력 이상인 시설로 한정한다)
  4) 용융시설(동력 10마력 이상인 시설로 한정한다)
  5) 증발·농축시설

6) 정제시설(분리 · 증류 · 추출 · 여과 등의 시설을 이용하여 폐기물을 처분하는 단위시설을 포함한다)
  7) 유수 분리시설
  8) 탈수 · 건조시설
  9) 멸균분쇄시설
 다. 화학적 처분시설
  1) 고형화 · 고화 · 안정화시설
  2) 반응시설(중화 · 산화 · 환원 · 중합 · 축합 · 치환 등의 화학반응을 이용하여 폐기물을 처분하는 단위시설을 포함한다)
  3) 응집 · 침전시설
 라. 생물학적 처분시설
  1) 소멸화시설(1일 처분능력 100킬로그램 이상인 시설로 한정한다)
  2) 호기성(好氣性: 산소가 있을 때 생육하는 성질) · 혐기성(嫌氣性: 산소가 없을 때 생육하는 성질) 분해시설
 마. 그 밖에 환경부장관이 폐기물을 안전하게 중간처분할 수 있다고 인정하여 고시하는 시설

2. 최종 처분시설
 가. 매립시설
  1) 차단형 매립시설
  2) 관리형 매립시설(침출수 처리시설, 가스 소각 · 발전 · 연료화 시설 등 부대시설을 포함한다)
 나. 그 밖에 환경부장관이 폐기물을 안전하게 최종처분할 수 있다고 인정하여 고시하는 시설

3. 재활용시설
 가. 기계적 재활용시설
  1) 압축 · 압출 · 성형 · 주조시설(동력 10마력 이상인 시설로 한정한다)
  2) 파쇄 · 분쇄 · 탈피시설(동력 20마력 이상인 시설로 한정한다)
  3) 절단시설(동력 10마력 이상인 시설로 한정한다)
  4) 용융 · 용해시설(동력 10마력 이상인 시설로 한정한다)
  5) 연료화시설
  6) 증발 · 농축시설
  7) 정제시설(분리 · 증류 · 추출 · 여과 등의 시설을 이용하여 폐기물을 재활용하는 단위시설을 포함한다)

8) 유수 분리시설
  9) 탈수·건조시설
  10) 세척시설(철도용 폐목재 받침목을 재활용하는 경우로 한정한다)
 나. 화학적 재활용시설
  1) 고형화·고화시설
  2) 반응시설(중화·산화·환원·중합·축합·치환 등의 화학반응을 이용하여 폐기물을 재활용하는 단위시설을 포함한다)
  3) 응집·침전시설
 다. 생물학적 재활용시설
  1) 1일 재활용능력이 100킬로그램 이상인 다음의 시설
   가) 부숙(썩혀서 익히는 것)시설. 다만, 1일 재활용능력이 100킬로그램 이상 200킬로그램 미만인 음식물류 폐기물 부숙시설은 2015년 7월 1일부터 2017년 6월 30일까지 및 2018년 4월 1일부터 2019년 6월 30일까지 제외한다.
   나) 사료화시설(건조에 의한 사료화 시설을 포함한다)
   다) 퇴비화시설(건조에 의한 퇴비화 시설, 지렁이분변토 생산시설 및 생석회처리시설을 포함한다)
   라) 동애등에분변토 생산시설
   마) 부숙토(腐熟土: 썩혀서 익힌 흙) 생산시설
  2) 호기성·혐기성 분해시설
  3) 버섯재배시설
 라. 시멘트 소성로
 마. 용해로(폐기물에서 비철금속을 추출하는 경우로 한정한다)
 바. 소성(시멘트 소성로는 제외한다)·탄화 시설
 사. 골재가공시설
 아. 의약품 제조시설
 자. 소각열회수시설(시간당 재활용능력이 200킬로그램 이상인 시설로서 법 제13조의2 제1항제5호에 따라 에너지를 회수하기 위하여 설치하는 시설만 해당한다)
 차. 그 밖에 환경부장관이 폐기물을 안전하게 재활용할 수 있다고 인정하여 고시하는 시설

■ 환경오염시설의 통합관리에 관한 법률 시행규칙 [별표 2] 〈개정 2020. 2. 24.〉

방지시설의 종류(제2조제2항 관련)

1. 「대기환경보전법」 제2조제12호에 따른 대기오염방지시설
2. 「대기환경보전법」 제38조의2에 따른 배출시설에서 발생하는 대기오염물질을 줄이기 위한 시설
3. 「대기환경보전법」 제43조제3항에 따른 비산먼지 발생을 억제하기 위한 시설
4. 「대기환경보전법」 제44조제5항에 따른 휘발성유기화합물 배출·억제방지시설
5. 「소음·진동관리법」 제2조제4호에 따른 소음·진동방지시설
6. 「물환경보전법」 제2조제12호에 따른 수질오염방지시설
7. 「물환경보전법」 제2조제13호에 따른 비점오염저감시설
8. 「악취방지법」 제8조제2항에 따른 악취방지시설
9. 「토양환경보전법」 제12조제3항에 따른 토양오염방지시설

[별표 3]에서 변경허가 및 변경신고 대상의 신규 오염물질 등의 농도기준에 대한 내용을 다루고 있다. 해당 내용은 다음과 같다.

■ 환경오염시설의 통합관리에 관한 법률 시행규칙 [별표 3] 〈개정 2023. 2. 8.〉

변경허가 및 변경신고 대상 신규 오염물질등의 농도기준(제5조제1항 관련)

1. 영 별표 2 제2호 각 목 외의 부분 및 별표 3 제2호자목에 따른 농도기준은 다음과 같다.
   가. 대기오염물질
   1) 「대기환경보전법」 제2조제9호의 특정대기유해물질(이하 "특정대기유해물질"이라 한다)

물질명	농도기준
염소 및 염화수소	0.4 ppm
불소화물	0.05 ppm
시안화수소	0.05 ppm
염화비닐	0.1 ppm
페놀 및 그 화합물	0.2 ppm
벤젠	0.1 ppm
사염화탄소	0.1 ppm

클로로포름	0.1 ppm
포름알데히드	0.08 ppm
아세트알데히드	0.01 ppm
1,3-부타디엔	0.03 ppm
에틸렌옥사이드	0.05 ppm
디클로로메탄	0.5 ppm
트리클로로에틸렌	0.3 ppm
히드라진	0.45 ppm
카드뮴 및 그 화합물	0.01 mg/m^3
납 및 그 화합물	0.05 mg/m^3
크롬 및 그 화합물	0.1 mg/m^3
비소 및 그 화합물	0.003 ppm
수은 및 그 화합물	0.0005 mg/m^3
니켈 및 그 화합물	0.01 mg/m^3
베릴륨 및 그 화합물	0.05 mg/m^3
폴리염화비페닐	1 pg/m^3
다이옥신	0.001 ng-TEQ (독성등가치)/m^3
다환방향족 탄화수소류	10 ng/m^3
이황화메틸	0.1 ppb
총 휘발성유기화합물 (아닐린, 스틸렌, 테트라클로로에틸렌, 1,2-디클로로에탄, 에틸벤젠, 아크릴로니트릴)	0.4 mg/m^3
그 밖의 특정대기유해물질	0.00

2) 특정대기유해물질 외의 대기오염물질

「환경분야 시험·검사 등에 관한 법률」 제6조제1항에 따른 환경오염공정시험기준에서 정하는 바에 따라 오염물질을 정량화할 수 있는 최소한의 농도(이하 "정량한계값"이라 한다)

나. 수질오염물질

1) 「물환경보전법」 제2조제8호의 특정수질유해물질(이하 "특정수질유해물질"이라 한다)

물질명	농도기준(mg/L)
구리와 그 화합물	0.1
납과 그 화합물	0.01
비소와 그 화합물	0.01
수은과 그 화합물	0.001
시안화합물	0.01
유기인 화합물	0.0005
6가크롬 화합물	0.05
카드뮴과 그 화합물	0.005
테트라클로로에틸렌	0.01
트리클로로에틸렌	0.03
폴리클로리네이티드바이페닐	0.0005
셀레늄과 그 화합물	0.01
벤젠	0.01
사염화탄소	0.002
디클로로메탄	0.02
1,1-디클로로에틸렌	0.03
1,2-디클로로에탄	0.03
클로로포름	0.08
1,4-다이옥산	0.05
디에틸헥실프탈레이트(DEHP)	0.008
염화비닐	0.005
아크릴로니트릴	0.005
브로모포름	0.03
페놀	0.1
펜타클로로페놀	0.001
그 밖의 특정수질유해물질	정량한계값

2) 특정수질유해물질 외의 수질오염물질: 정량한계값

2. 영 별표 3 제2호아목에 따른 농도기준은 「환경분야 시험·검사 등에 관한 법률」 제6조제1항에 따른 환경오염공정시험기준에서 정하는 바에 따라 정량한계값으로 한다.

배출영향분석은 다음 [별표 4] 배출영향분석의 방법(제6조제4항 관련)을 따른다.

■ 환경오염시설의 통합관리에 관한 법률 시행규칙 [별표 4] 〈개정 2020. 2. 24.〉

배출영향분석의 방법(제6조제4항 관련)

1. 일반사항
 가. 배출영향분석을 할 때에는 대상 배출시설등의 설치·운영 등으로 인하여 환경 및 인체에 미치는 영향을 현재 및 해당 사업이 시행되지 아니하였을 경우의 미래 환경에 비추어 과학적인 방법으로 예측·평가하되, 결과는 체계적이고 종합적인 방법으로 표현하여야 한다.
 나. 배출영향분석에 필요한 정보를 측정·조사·분석할 때에는 측정·조사·분석의 일시 및 지점, 방법 등을 배출영향분석의 결과와 함께 제시하여야 한다.

2. 배출영향분석에 필요한 정보
 가. 대상지역 정보
  1) 배출영향분석의 대상지역은 배출시설등의 설치·운영 및 오염물질등의 배출에 영향을 받는 사업장 주변 지역을 말한다.
  2) 대기오염물질을 배출하는 경우 대상지역의 범위는 사업장의 부지 경계로부터 20km 이내의 지역을 포함하는 직사각형의 영역으로 하되, 다음의 사항을 고려하여 설정한다. 이 경우 대상지역 정보에는 대상지역의 표고 및 기울기 등 지형의 특성이 포함되어야 한다.
   가) 오염물질의 배출이 해당 지역의 대기에 가장 큰 영향을 미칠 것으로 예측되는 지점
   나) 오염물질이 배출된 후 배출시설 주변에서 해당 오염물질의 농도가 가장 높게 나타날 것으로 예측되는 지점
   다) 배출시설 주변의 오염현황을 산정하기 위하여 「대기환경보전법」 제3조에 따른 측정망(이하 "대기질 측정망"이라 한다)이 설치된 지점
  3) 수질오염물질을 배출하는 경우 대상지역의 범위는 배출시설에서 배출되는 폐수가 직접 방류되는 하천 또는 호소(이하 "방류하천등"이라 한다)로 하되, 다음의 사항을 고려하여 설정한다. 다만, 배출되는 하천이 건천(乾川)인 경우 등 그 유량값을 산정할 수 없어 배출영향분석이 곤란한 경우에는 해당 하천이 합류되는 하천을 대상지역으로 설정할 수 있다.

가) 최종 방류구에서 방류하천등으로 합류되는 지점
    나) 오염물질이 방류하천등과 완전히 혼합되는 지점
    다) 방류하천등의 오염현황을 산정하기 위하여 「물환경보전법」 제9조에 따른 측정망(이하 "수질 측정망"이라 한다)이 설치된 지점
나. 기상 정보
  1) 기상 정보는 가목1)에 따른 대상지역(이하 "대상지역"이라 한다)에서의 풍향, 풍속, 기온 등 기상요소의 현황을 말한다.
  2) 기상 정보는 다음의 어느 하나에 해당하는 자료 중 대상지역의 기상 상황을 대표할 수 있는 지점에서 측정·조사·분석된 자료를 활용하여 산정한다. 다만, 해당 지점에 대한 자료가 없는 경우에는 주변 지점의 자료로부터 환경부장관이 정하는 방법에 따라 추정된 자료를 활용할 수 있다.
    가) 환경부장관이 「기상관측표준화법」 제8조에 따른 기상관측망(이하 "기상관측망"이라 한다)에서 측정된 최근 1년간의 자료를 활용하여 마련한 표준 기상자료
    나) 제출자가 직접 측정·분석한 자료
    다) 그 밖에 국가 또는 「공공기관의 운영에 관한 법률」 제4조에 따른 공공기관(이하 "공공기관"이라 한다)에서 제공하는 측정·조사·분석 자료 중 환경부장관이 기상 정보를 산정하기 위하여 활용할 수 있다고 인정하는 자료
다. 하천유량 정보
  1) 하천유량은 다음의 어느 하나에 해당하는 하천유량 자료 중 배출지점과 인접한 상류지점에서 측정·조사·분석한 저수기 유량(1년간의 일일유량 중 275일은 이 유량보다 적지 않은 유량을 말한다. 이하 이 표에서 같다) 자료를 활용하여 산정한다. 다만, 해당 지점에 대한 자료가 없는 경우에는 주변 지점의 자료로부터 환경부장관이 정하는 방법에 따라 추정된 자료를 활용할 수 있다.
    가) 환경부장관이 「물환경보전법」 제22조제2항에 따른 소권역별로 수질측정망 또는 「수자원의 조사·계획 및 관리에 관한 법률」 제13조에 따른 수문조사시설에서 측정된 최근 10년간의 자료를 활용하여 마련한 표준 하천유량 정보
    나) 제출자가 직접 측정·분석한 자료
    다) 그 밖에 국가 또는 공공기관에서 제공하는 측정·조사·분석 자료 중 환경부장관이 하천유량 정보를 산정하기 위하여 활용할 수 있다고 인정하는 자료
라. 오염물질등의 배출 정보
  1) 오염물질등의 배출 정보는 오염물질등을 배출하는 배출구별로 산정된 다음의 구분에 따른 정보를 말한다.

가) 대기오염물질을 배출하는 경우
 (1) 굴뚝의 위치 및 높이
 (2) 배출구의 형상 및 면적
 (3) 배출가스의 속도, 유량 및 온도
 (4) 오염물질의 배출 농도 및 배출량
나) 수질오염물질을 배출하는 경우
 (1) 배출지점의 위치
 (2) 오염물질의 배출 방식
 (3) 폐수배출량
 (4) 오염물질의 배출 농도 및 배출량
2) 배출 정보를 산정할 때에는 해당 배출구에서 배출되는 모든 오염물질등에 대한 정보[먼지의 경우에는 미세먼지(PM-10)에 대한 정보]를 산정하여야 한다. 다만, 법 제6조에 따른 허가 또는 변경허가를 받기 전에 설치·운영 중인 대기오염물질배출시설의 배출구로서 황산화물, 질소산화물 또는 먼지 항목의 연간 배출량이 1톤 이하이거나 세 항목의 연간 배출량의 합이 2톤 이하인 경우에는 해당 오염물질등에 대한 배출 정보를 산정하지 않는다.

3. 배출영향의 분석
 가. 기존 오염도의 산정
 1) 기존 오염도는 분석 대상 배출시설등을 설치·운영하기 전의 대상지역에서의 대기질·수질의 오염농도를 말한다.
 2) 기존 오염도는 다음의 어느 하나에 해당하는 자료 중 대상지역의 오염현황을 대표할 수 있는 지점에서 측정·조사·분석된 자료를 활용하여 산정한다. 다만, 해당 지점에 대한 오염도 자료가 없는 경우에는 주변 지점의 자료로부터 환경부장관이 정하는 방법에 따라 추정된 자료를 활용할 수 있다.
  가) 환경부장관이 대기질 측정망 또는 수질 측정망에서 측정된 최근 3년간의 자료(먼지의 경우에는 PM-10 항목을 측정한 자료를 말한다)를 활용하여 마련한 표준 기존 오염도 자료
  나) 제출자가 직접 측정·분석한 자료
  다) 그 밖에 국가 또는 공공기관에서 제공하는 측정·조사·분석자료 중 환경부장관이 기존 오염도를 산정하기 위하여 활용할 수 있다고 인정하는 자료
 3) 2)가)부터 다)까지의 자료를 활용하여 기존 오염도를 산정할 때 대기질 측정망 또는 수질 측정망에서 측정하지 아니하는 오염물질의 기존 오염도는 다음의 구분에 따른 값으로 한다.
  가) 대기오염물질: 0.0

나) 수질오염물질: 정량한계값의 2분의 1
　나. 추가 오염도의 산정
　　1) 추가 오염도는 분석 대상 배출시설등의 설치·운영으로 인하여 배출되는 오염물질등이 대기에 확산되거나 방류하천등에 완전히 혼합되었을 때 그 대기 또는 방류하천등에서의 오염농도의 증가량을 말한다.
　　2) 대기오염물질의 추가 오염도를 산정할 때에는 대기에서의 농도 증가량의 연간 평균치, 24시간 평균치, 8시간 평균치 및 1시간 평균치 중 「환경정책기본법 시행령」별표에 따른 환경기준 또는 이 규칙 별표 7에 따른 환경의질 목표수준이 설정되어 있는 평균치를 각각 산정하되, 다음의 사항을 고려하여 산정하여야 한다.
　　　가) 제2호가목2)에 따른 대상지역 정보
　　　나) 제2호나목에 따른 기상 정보
　　　다) 제2호라목1)가)에 따른 오염물질 배출 정보
　　3) 수질오염물질의 추가 오염도를 산정할 때에는 방류하천등에서의 농도 증가량의 연간 평균치를 산정하되, 다음의 사항을 고려하여 산정하여야 한다.
　　　가) 제2호가목3)에 따른 대상지역 정보
　　　나) 제2호다목에 따른 하천유량 정보(오염물질을 호소에 배출하는 경우에는 오염물질이 최초로 호소에 배출된 시점부터 호소에 완전히 혼합된 시점까지 농도가 감소하는 비율을 말한다)
　　　다) 제2호라목1)나)에 따른 오염물질 배출 정보
　　　라) 가목에 따른 기존 오염도
　　4) 사업장이 다음의 어느 하나에 해당하는 경우에는 해당 가)부터 마)까지의 오염물질에 대한 추가 오염도를 산정하지 아니한다.
　　　가) 공공폐수처리시설 또는 공공하수처리시설에 배수설비를 통하여 폐수를 유입하는 경우: 그 폐수에 포함된 수질오염물질 중 해당 처리시설에서 적절하게 처리할 수 있는 오염물질
　　　나) 「수질 및 수생태계 보전에 관한 법률」 제33조제1항 단서 및 같은 조 제2항에 따른 폐수무방류배출시설을 설치한 경우: 그 폐수무방류배출시설의 수질오염물질
　　　다) 폐수를 재이용하거나 위탁처리하는 등의 경우로서 방류하천등으로 폐수를 배출하지 아니하는 경우: 그 폐수에 포함된 수질오염물질
　　　라) 수질오염물질을 해양에 배출하는 경우: 그 수질오염물질
　　　마) 그 밖에 환경부장관이 정하여 고시하는 방법에 따라 추가 오염도를 추정한 결과 환경에 미치는 영향이 경미하여 추가 오염도 산정이 불필요하다고 인정되는 경우: 해당 오염물질등

다. 총 오염도의 산정

1) 총 오염도는 분석 대상 배출시설등의 설치·운영으로 인하여 배출되는 오염물질등이 대기에 확산되거나 방류하천등에 완전히 혼합되었을 때 기존 오염도와 추가 오염도를 고려하여 산정한 총 오염농도를 말한다.

2) 대기오염물질의 총 오염도를 산정할 때에는 대기에서 예측되는 농도의 연간 평균치, 24시간 평균치, 8시간 평균치 및 1시간 평균치 중 「환경정책기본법 시행령」 별표에 따른 환경기준 또는 이 규칙 별표 7에 따른 환경의 질 목표수준이 설정되어 있는 평균값을 각각 산정하여야 한다.

3) 수질오염물질의 총 오염도를 산정할 때에는 방류하천등에서 예측되는 농도의 연간 평균치를 산정하여야 한다.

4. 제1호부터 제3호까지에서 정한 사항 외에 배출영향분석 및 결과서의 작성 등에 관한 세부적인 절차 및 방법 등에 관하여는 환경부장관이 정하여 고시한다.

허가배출기준은 [별표 6] 허가배출기준의 설정 방법(제8조제2항 관련)에 따라 다음과 같이 설정할 수 있다.

■ 환경오염시설의 통합관리에 관한 법률 시행규칙 [별표 6] 〈개정 2020. 11. 23.〉

허가배출기준의 설정 방법(제8조제2항 관련)

1. 대기오염물질

가. 대기오염물질의 허가배출기준은 배출시설이 연결된 배출구별로 설정한다.

나. 제6조제5항제2호에 따른 배출구별 허가배출기준안(이하 "허가배출기준안"이라 한다)이 별표 15에 따른 최대배출기준 이하의 범위에서 다음의 어느 하나에 해당하는 기준을 만족하는 경우 그 기준안을 허가배출기준으로 설정한다. 이 경우 별표 4 제3호나목1)에 따른 추가 오염도의 연간 평균치가 「대기환경보전법 시행규칙」 제15조에 따른 대기오염물질의 배출허용기준 농도에서 대기오염물질을 배출하는 경우의 추가 오염도의 연간 평균치 이하가 되도록 해야 한다.

1) 허가배출기준안의 농도 수준으로 오염물질을 배출하였을 때 별표 4 제3호나 목2)에 따른 추가 오염도의 연간 평균치가 「환경정책기본법 시행령」 별표에 따른 환경기준 중 연간 평균치(해당 오염물질의 연간 평균치가 없는 경우에는 이 규칙 별표 7에 따른 장기 환경의 질 목표 수준을 말하며, 이하 "장기환경기준"이라 한다)의 100분의 3 이하인 경우

2) 허가배출기준안의 농도 수준으로 오염물질을 배출하였을 때 다음의 기준을

모두 만족하는 경우

　가) 별표 4 제3호나목2)에 따른 추가 오염도의 24시간 평균치, 8시간 평균치 및 1시간 평균치가 「환경정책기본법 시행령」 별표에 따른 환경기준 중 24시간 평균치, 8시간 평균치 및 1시간 평균치(해당 오염물질의 24시간 평균치, 8시간 평균치 및 1시간 평균치가 없는 경우에는 이 규칙 별표 7에 따른 단기 환경의 질 목표 수준을 말하며, 이하 "단기 환경기준"이라 한다)에서 장기 환경기준을 뺀 값 이하이거나 별표 4 제3호다목2)에 따른 총 오염도의 24시간 평균치, 8시간 평균치 및 1시간 평균치가 단기 환경기준 이하일 것

　나) 별표 4 제3호다목2)에 따른 총 오염도의 연간 평균치가 장기 환경기준 이하일 것

　3) 업종별 환경관리기법의 전반적인 기술수준, 경제성 및 오염배출 농도의 비정상적인 일시적 급증현상 등을 고려할 때 허가배출기준안이 나목1)·2)의 기준을 충족할 수 없다고 인정되는 경우로서 환경부장관이 관계 중앙행정기관의 장과 협의를 거쳐 정하여 고시하는 농도기준을 충족하는 경우

다. 사업장 관할 지방자치단체의 장이 관할 지역 대기질 수준의 유지 또는 개선을 위하여 환경부장관에게 요청하고, 환경부장관이 그 필요성을 인정하는 경우에는 나목에도 불구하고 허가배출기준안이 법 제8조제2항제1호에 따른 지역환경 기준 또는 같은 항 제2호에 따른 환경의 질 목표를 충족하는 경우 그 기준안을 허가배출기준으로 설정한다. 다만, 해당 기준 또는 목표를 충족할 수 없다고 인정되는 경우에는 나목3)의 기준을 적용한다.

라. 나목 또는 다목에도 불구하고 별표 4 제3호나목4)에 따라 추가 오염도를 산정하지 않는 대기오염물질의 경우에는 별표 15에 따른 최대배출기준을 허가배출기준으로 한다.

마. 「환경영향평가법」에 따른 전략환경영향평가 대상사업, 환경영향평가 대상사업 또는 소규모 환경영향평가 대상사업으로서 환경영향평가 협의(변경협의 및 재협의를 포함한다)를 할 때에 허가배출기준의 설정 등에 관한 의견이 제시된 경우에는 해당 의견을 반영하여 허가배출기준을 설정하여야 한다.

2. 소음 및 진동

가. 소음 및 진동의 허가배출기준은 사업장별로 설정한다.

나. 사업장별 허가배출기준은 별표 15에 따른 최대배출기준 이하의 범위에서 「소음·진동관리법 시행규칙」 제8조제1항에 따른 공장소음·진동 배출허용기준에 따른다.

다. 나목에도 불구하고 「소음·진동관리법 시행규칙」 제8조제2항에 따라 관할지방자치단체의 장이 정한 배출허용기준이 적용되는 사업장의 경우에는 그 배출허

용기준을 허가배출기준으로 한다.

3. 수질오염물질

  가. 수질오염물질의 허가배출기준은 배출시설이 연결된 배출구별로 설정한다. 다만, 다음의 어느 하나에 해당하는 경우에는 허가배출기준을 설정하지 아니한다.

  1) 「물환경보전법」 제33조제1항 단서 및 같은 조 제2항에 따라 설치되는 폐수무방류배출시설인 경우
  2) 폐수를 재이용하거나 위탁처리하는 등의 경우로서 「물환경보전법」 제2조제9호의 공공수역으로 폐수를 방류하지 아니하는 경우

  나. 허가배출기준안이 별표 15에 따른 최대배출기준 이하의 범위에서 다음의 어느 하나에 해당하는 기준을 만족하는 경우 그 기준안을 허가배출기준으로 설정한다.

  1) 「물환경보전법 시행규칙」 별표 13 제1호가목1)에 따른 청정지역
    가) 허가배출기준안의 농도 수준으로 오염물질을 배출하였을 때 다음의 기준을 모두 만족하는 경우
    (1) 별표 4 제3호나목3)에 따른 추가 오염도가 「환경정책기본법 시행령」별표에 따른 환경기준(해당 오염물질의 환경기준이 없는 경우에는 이 규칙 별표 7에 따른 환경의 질 목표 수준을 말하며, 이하 "환경기준"이라 한다)의 100분의 4 이하이고, 별표 4 제3호가목에 따른 기존 오염도의 100분의 10 이하일 것
    (2) 별표 4 제3호다목3)에 따른 총 오염도가 환경기준 이하일 것
    나) 업종별 환경관리기법의 전반적인 기술수준, 경제성 및 오염배출 농도의 비정상적인 일시적 급증현상 등을 고려할 때 허가배출기준안이 나목1)가)의 기준을 충족할 수 없다고 인정되는 경우로서 환경부장관이 관계 중앙행정기관의 장과 협의를 거쳐 정하여 고시하는 농도기준을 충족하는 경우

  2) 1) 외의 지역
    가) 허가배출기준안의 농도 수준으로 오염물질을 배출하였을 때 별표 4 제3호나목3)에 따른 추가 오염도가 환경기준의 100분의 4 이하인 경우
    나) 허가배출기준안의 농도 수준으로 오염물질을 배출하였을 때 다음을 모두 만족하는 경우
    (1) 별표 4 제3호나목3)에 따른 추가 오염도가 환경기준의 100분의 10 이하일 것
    (2) 별표 4 제3호다목3)에 따른 총 오염도가 환경기준 이하일 것
    다) 업종별 환경관리기법의 전반적인 기술수준, 경제성 및 오염배출 농도의

비정상적인 일시적 급증현상 등을 고려할 때 허가배출기준안이 나목2)가)·나)의 기준을 충족할 수 없다고 인정되는 경우로서 환경부장관이 관계 중앙행정기관의 장과 협의를 거쳐 정하여 고시하는 농도기준을 충족하는 경우

다. 사업장 관할 지방자치단체의 장이 관할 지역 수질 수준의 유지 또는 개선을 위하여 환경부장관에게 요청하고, 환경부장관이 그 필요성을 인정하는 경우에는 나목에도 불구하고 허가배출기준안이 법 제8조제2항제1호에 따른 지역환경 기준 또는 같은 항 제2호에 따른 환경의 질 목표를 충족하는 경우 그 기준안을 허가배출기준으로 설정한다. 다만, 해당 기준 또는 목표를 충족할 수 없다고 인정되는 경우에는 나목1)나) 또는 나목2)다)의 기준을 적용한다.

라. 나목 또는 다목에도 불구하고 다음의 어느 하나에 해당하는 오염물질의 경우에는 별표 15에 따른 최대배출기준을 허가배출기준으로 설정한다.
 1) 공공폐수처리시설 또는 공공하수처리시설에 배수설비를 통하여 폐수를 유입하는 경우로서, 그 폐수에 포함된 수질오염물질 중 해당 처리시설에서 적절하게 처리할 수 있는 오염물질
 2) 별표 4 제3호나목4)에 따라 추가 오염도를 산정하지 아니하는 수질오염물질

마. 「환경영향평가법」에 따른 전략환경영향평가 대상사업, 환경영향평가 대상사업 또는 소규모 환경영향평가 대상사업으로서 환경영향평가 협의(변경협의 및 재협의를 포함한다)를 할 때에 허가배출기준의 설정 등에 관한 의견이 제시된 경우에는 해당 의견을 반영하여 허가배출기준을 설정하여야 한다.

4. 악취
 가. 악취의 허가배출기준은 사업장별로 설정한다.
 나. 사업장별 허가배출기준은 별표 15에 따른 최대배출기준 이하의 범위에서 「악취방지법 시행규칙」 제8조제1항에 따른 악취의 배출허용기준에 따른다.
 다. 나목에도 불구하고 「악취방지법」 제7조제2항에 따라 관할 지방자치단체의 장이 정한 엄격한 배출허용기준이 적용되는 사업장의 경우에는 그 엄격한 배출허용기준을 허가배출기준으로 한다.

5. 잔류성오염물질
잔류성오염물질의 허가배출기준은 배출시설이 연결된 배출구별로 설정하되, 별표 15에 따른 해당 오염물질의 최대배출기준 이하의 범위에서 설정할 수 있다.

[별표 7] 환경의 질 목표 수준(제8조제3항 관련)에 따라 대기오염물질, 수질오염물질에 대한 기준과 등급 구분에 대하여 확인할 수 있다.

■ 환경오염시설의 통합관리에 관한 법률 시행규칙 [별표 7] 〈개정 2020. 11. 23.〉

[유효기간 : 별표 7의 개정규정(2020. 11. 23 공포)은 2020년 12월 31일까지]

환경의 질 목표 수준(제8조제3항 관련)

1. 대기오염물질

항 목	단 기	장 기
아연 및 그 화합물	1시간 평균치 1,000 µg/m³ 이하	연간 평균치 50 µg/m³ 이하
암모니아	1시간 평균치 2,500 µg/m³ 이하	연간 평균치 180 µg/m³ 이하
이황화탄소	1시간 평균치 100 µg/m³ 이하	연간 평균치 64 µg/m³ 이하
크롬 및 그 화합물	1시간 평균치 150 µg/m³ 이하	연간 평균치 5 µg/m³ 이하
수은 및 그 화합물	1시간 평균치 7.5 µg/m³ 이하	연간 평균치 0.25 µg/m³ 이하
구리 및 그 화합물	1시간 평균치 200 µg/m³ 이하	연간 평균치 10 µg/m³ 이하
염화비닐	1시간 평균치 1,851 µg/m³ 이하	연간 평균치 159 µg/m³ 이하
황화수소	24시간 평균치 150 µg/m³ 이하	연간 평균치 140 µg/m³ 이하
다이클로로메탄	24시간 평균치 3,000 µg/m³ 이하	연간 평균치 700 µg/m³ 이하
트라이클로로에틸렌	24시간 평균치 1,000 µg/m³ 이하	-
비소 및 그 화합물	-	연간 평균치 12 ng/m³ 이하
니켈 및 그 화합물	-	연간 평균치 20 ng/m³ 이하
카드뮴 및 그 화합물	-	연간 평균치 5 ng/m³ 이하
포름알데히드	1시간 평균치 100 µg/m³ 이하	연간 평균치 5 µg/m³ 이하
브롬화합물	1시간 평균치 0.07 mg/m³ 이하	-

시안화수소	1시간 평균치 220 ㎍/m³ 이하	-
먼지	24시간 평균치 300 ㎍/m3 이하	연간 평균치 150 ㎍/m3 이하
염화수소	1시간 평균치 750 ㎍/m3 이하	-
불소화합물	1시간 평균치 160 ㎍/m3 이하	연간 평균치 16 ㎍/m3 이하
페놀 및 그 화합물	1시간 평균치 3,900 ㎍/m3이하	연간 평균치 200 ㎍/m3 이하

비고: 1시간 평균치는 999천분위수(千分位數)의 값이 그 기준을 초과해서는 안 되고, 8시간 및 24시간 평균치는 99백분위수의 값이 그 기준을 초과해서는 안 된다.

2. 수질오염물질

항 목	환경의 질 목표 수준(mg/L)
구리(Cu; Copper)	0.1 이하
니켈(Ni; Nickel)	0.02 이하
용해성망간(Mn; Manganese)	1 이하
바륨(Ba; Barium)	0.1 이하
셀레늄(Se; Selenium)	0.04 이하
아연(Zn; Zinc)	0.1 이하
용해성철(Fe; Iron)	1 이하
크롬(Cr; Chromium)	0.05 이하
플루오르(불소)(F; Fluoride)	1.5 이하
페놀류	0.1 이하
트라이클로로에틸렌(TCE; Trichloroethylene)	0.06 이하
1,1-다이클로로에틸렌(1,1-Dichloroethylene)	0.03 이하
염화비닐(Vinyl Chloride or Chloroethylene)	0.01 이하
아크릴로나이트릴(Acrylonitrile)	0.01 이하

브로모폼(Bromoform)	0.03 이하
나프탈렌(Naphthalene)	0.05 이하
에피클로로하이드린(Epichlorohydrin)	0.03 이하
톨루엔(Toluene)	0.7 이하
자일렌(Xylene)	0.5 이하
페놀(Phenol)	0.01 이하
펜타클로로페놀(Pentachlorophenol)	0.001 이하
총질소(T-N)	매우좋음(Ia) : 2 이하 좋음(Ib) : 3 이하 약간좋음(II) : 4 이하 보통(III) : 5 이하 약간나쁨(IV) : 8 이하 나쁨(V) : 10 이하 매우 나쁨(VI) : 10 초과

비고: 총질소의 환경의 질 목표 수준에서 등급을 구분하는 기준은 다음과 같다.

1. 매우 좋음(Ia): 용존산소(溶存酸素)가 풍부하고 오염물질이 없는 청정상태의 생태계로 여과·살균 등 간단한 정수처리 후 생활용수로 사용할 수 있음.

2. 좋음(Ib): 용존산소가 많은 편이고 오염물질이 거의 없는 청정상태에 근접한 생태계로 여과·침전·살균 등 일반적인 정수처리 후 생활용수로 사용할 수 있음.

3. 약간 좋음(II): 약간의 오염물질은 있으나 용존산소가 많은 상태의 다소 좋은 생태계로 여과·침전·살균 등 일반적인 정수처리 후 생활용수 또는 수영용수로 사용할 수 있음.

4. 보통(III): 보통의 오염물질로 인하여 용존산소가 소모되는 일반 생태계로 여과, 침전, 활성탄 투입, 살균 등 고도의 정수처리 후 생활용수로 이용하거나 일반적 정수처리 후 공업용수로 사용할 수 있음.

5. 약간 나쁨(IV): 상당량의 오염물질로 인하여 용존산소가 소모되는 생태계로 농업용수로 사용하거나 여과, 침전, 활성탄 투입, 살균 등 고도의 정수처리 후 공업용수로 사용할 수 있음.

6. 나쁨(V): 다량의 오염물질로 인하여 용존산소가 소모되는 생태계로 산책 등 국민의 일상생활에 불쾌감을 주지 않으며, 활성탄 투입, 역삼투압 공법 등 특수

한 정수처리 후 공업용수로 사용할 수 있음.
7. 매우 나쁨(VI): 용존산소가 거의 없는 오염된 물로 물고기가 살기 어려움.

위의 환경의 질 목표와 허가배출기준에 따라 환경오염시설의 운영에 대한 개선사유서를 제출해야하는 경우도 있을 수 있다. 그러한 경우 [별표 11] 개선사유서의 제출 대상 및 시기(제21조제4항 관련)에 따라 작성할 수 있도록 한다.

■ 환경오염시설의 통합관리에 관한 법률 시행규칙 [별표 11]

개선사유서의 제출 대상 및 시기(제21조제4항 관련)

1. 측정기기를 교정하는 경우
 가. 제출시기: 교정 전
 나. 개선사유: 표준용액을 이용한 검·교정 및 검량선 확인 등 측정기기 성능확인 및 교정
2. 측정기기를 청소하는 경우
 가. 제출시기: 청소 전
 나. 개선사유: 시료채취조 청소, 센서류의 전극 세척, 튜브 등 소모품 교체
3. 제1호 및 제2호 외의 경미한 사항이 발생하는 경우
 가. 정도검사
  1) 제출시기: 검사 전
  2) 개선사유: 「환경분야 시험·검사 등에 관한 법률」 제11조에 따른 정도검사 수검
 나. 설비점검
  1) 제출시기: 점검 전
  2) 개선사유: 전기설비 안전점검, 수전설비 보완공사 등 사전 계획된 설비점검
 다. 비정상 상태정보 발생
  1) 제출시기: 사유 발생 후 8시간 이내
  2) 개선사유
   가) 통신불량: 측정기기의 전원 단절, 통신회선 불량 등 점검
   나) 작동불량: 시료·시약의 미공급, 주요부품 고장 등 점

오염물질의 측정 및 조사는 [별표 13] 오염물질등의 측정·조사 기준(제23조 관련)에 따른다.

■ 환경오염시설의 통합관리에 관한 법률 시행규칙 [별표 13] 〈개정 2022. 4. 1.〉

오염물질등의 측정 · 조사 기준(제23조 관련)

1. 영 별표 1 제1호 · 제2호에 따른 업종에서 설치·운영하는 배출시설등 및 방지시설

 가. 환경으로 직접 배출되는 오염물질등의 측정에 관한 사항

  1) 고체연료를 사용하는 경우에는 사업장 부지 경계선에서 법 제2조제1호다목에 따른 비산먼지 농도를 분기마다 1회 측정하여 기록하여야 한다.

  2) 고체연료의 원산지가 변경되는 경우에는 연료의 성분 분석서를 확보하고 연료의 성분을 분석하여야 한다.

  3) 고체연료 저장소에 모인 빗물이 외부로 배출되는 경우 중금속, pH, 용존산소를 주기적으로 분석하여야 한다. 다만, 모인 빗물이 폐수처리시설로 유입되는 경우는 제외한다.

  4) 사업장에 「잔류성오염물질 관리법」 제2조제2호에 따른 배출시설을 설치 · 운영하는 경우에는 같은 법 제19조제1항에 따라 잔류성오염물질을 측정하고 기록 · 보존하여야 한다.

  5) 사업장에 「폐기물관리법」 제29조제2항에 따른 설치 승인 · 신고 대상 폐기물매립시설을 설치 · 운영 중인 경우에는 같은 법 제31조제2항에 따른 측정결과를 환경부장관에게 제출하여야 한다.

 나. 주변 영향조사에 관한 사항

 사업장에 「잔류성오염물질 관리법」 제2조제2호에 따른 배출시설을 설치 · 운영하는 경우에는 같은 법 제19조제2항에 따라 주변지역에 미치는 영향을 조사하고 그 결과를 환경부장관에게 제출하여야 한다.

2. 영 별표 1 제4호 · 제5호에 따른 업종에서 설치·운영하는 배출시설등 및 방지시설

 가. 환경으로 직접 배출되는 오염물질등의 측정에 관한 사항

1) 염화비닐 단량체를 포함한 염소계 유기화합물을 제조하는 공정에서 에틸렌, 염화비닐 단량체, 디클로로에탄, 염소 또는 염산을 원료 또는 부원료로 사용하는 경우에는 해당 물질의 누출 여부를 주기적으로 확인하여야 한다.
   2) 톨루엔 디이소시아네이트를 제조하는 공정의 경우에는 건물 및 사업장 내부에서 유독물질이 검출되는지 여부를 주기적으로 확인하여야 한다.
   3) 사업장에 「잔류성오염물질 관리법」 제2조제2호에 따른 배출시설을 설치·운영하는 경우에는 같은 법 제19조제1항에 따라 잔류성오염물질을 측정하고 기록·보존하여야 한다.
   4) 사업장에 「폐기물관리법」 제29조제2항에 따른 설치 승인·신고 대상 폐기물 매립시설을 설치·운영 중인 경우에는 같은 법 제31조제2항에 따라 측정한 결과를 환경부장관에게 제출하여야 한다.
  나. 주변 영향조사에 관한 사항
사업장에 「잔류성오염물질 관리법」 제2조제2호에 따른 배출시설을 설치·운영하는 경우에는 같은 법 제19조제2항에 따라 주변지역에 미치는 영향을 조사하고 그 결과를 환경부장관에게 제출하여야 한다.
3. 영 별표 1 제3호·제6호에 따른 업종에서 설치·운영하는 배출시설등 및 방지시설
  가. 환경으로 직접 배출되는 오염물질등의 측정에 관한 사항
   1) 사업장에 「잔류성오염물질 관리법」 제2조제2호에 따른 배출시설을 설치·운영하는 경우에는 같은 법 제19조제1항에 따라 잔류성오염물질을 측정하고 기록·보존하여야 한다.
   2) 사업장에 「폐기물관리법」 제29조제2항에 따른 설치 승인·신고 대상 폐기물 매립시설을 설치·운영 중인 경우에는 같은 법 제31조제2항에 따른 측정결과를 환경부장관에게 제출하여야 한다.
  나. 주변 영향조사에 관한 사항
사업장에 「잔류성오염물질 관리법」 제2조제2호에 따른 배출시설을 설치·운영하는 경우에는 같은 법 제19조제2항에 따라 주변지역에 미치는 영향을 조사하고 그 결과를 환경부장관에게 제출하여야 한다.
4. 영 별표 1 제8호에 따른 업종에서 설치·운영하는 배출시설등 및 방지시설
  가. 환경으로 직접 배출되는 오염물질등의 측정에 관한 사항
   1) 사업장에 「폐기물관리법」 제29조제2항에 따른 설치 승인 또는 신고 대상 폐

기물매립시설을 설치·운영 중인 경우에는 같은 법 제31조제2항에 따라 측정결과를 환경부장관에게 제출해야 한다.

2) 사업장에 「대기환경보전법」 제38조의2제1항에 따른 비산배출시설을 설치·운영 중인 경우에는 같은 조 제5항 및 제7항에 따라 오염배출농도를 측정하고 측정결과를 환경부장관에게 제출해야 한다.

3) 사업장에 「대기환경보전법」 제44조제1항에 따른 휘발성유기화합물을 배출하는 시설을 설치·운영 중인 경우에는 같은 조 제13항에 따라 측정결과를 환경부장관에게 제출해야 한다.

4) 코크 제조설비 및 유동상 접촉분해설비(Fluidic Catalytic Craking) 등 비산먼지가 발생하는 시설을 운영 중인 경우에는 사업장 부지의 경계선상에서 비산먼지의 농도를 분기마다 1회 이상 주기적으로 측정하고 기록해야 한다.

나. 주변 영향조사에 관한 사항

사업장에 「폐기물관리법」 제31조제3항에 따른 주변 지역 영향 조사 대상 폐기물 처리시설을 설치·운영 중인 경우에는 주변 지역에 미치는 영향을 3년마다 조사하고 그 결과를 환경부장관에게 제출해야 한다.

5. 영 별표 1 제9호에 따른 업종에서 설치·운영하는 배출시설등 및 방지시설

 가. 환경으로 직접 배출되는 오염물질등의 측정에 관한 사항

1) 사업장에 「폐기물관리법」 제29조제2항에 따른 설치 승인 또는 신고 대상 폐기물매립시설을 설치·운영 중인 경우에는 같은 법 제31조제2항에 따라 측정결과를 환경부장관에게 제출해야 한다.

2) 클로로알칼리, 무기안료 및 실리콘 제조시설은 염소 또는 염화수소의 누출여부를 허가조건에 따라 주기적으로 확인해야 한다.

나. 주변 영향조사에 관한 사항

사업장에 「폐기물관리법」 제31조제3항에 따른 주변 지역 영향 조사 대상 폐기물 처리시설을 설치·운영 중인 경우에는 주변 지역에 미치는 영향을 3년마다 조사하고 그 결과를 환경부장관에게 제출해야 한다.

6. 영 별표 1 제10호·제11호에 따른 업종에서 설치·운영하는 배출시설등 및 방지시설

 가. 환경으로 직접 배출되는 오염물질등의 측정에 관한 사항

1) 사업장에 「폐기물관리법」 제29조제2항에 따른 설치 승인 또는 신고 대상 폐기물매립시설을 설치·운영 중인 경우에는 같은 법 제31조제2항에 따라 측정결

과를 환경부장관에게 제출해야 한다.

2) 사업장에 「대기환경보전법」 제38조의2제1항에 따른 비산배출시설을 설치·운영 중인 경우에는 같은 조 제5항 및 제7항에 따라 오염배출농도를 측정하고 측정결과를 환경부장관에게 제출해야 한다.

3) 사업장에 「대기환경보전법」 제44조제1항에 따른 휘발성유기화합물을 배출하는 시설을 설치·운영 중인 경우에는 같은 조 제13항에 따른 측정결과를 환경부장관에게 제출해야 한다.

4) 사업장에 「잔류성오염물질 관리법」 제2조제2호의 배출시설을 설치·운영하는 경우에는 같은 법 제19조제1항에 따라 해당 배출시설에서 배출되는 잔류성오염물질을 측정하고 측정결과를 환경부장관에게 제출해야 한다.

5) 플라스틱 및 고무 첨가제 제조시설은 염화비닐의 누출 여부를 허가조건에 따라 주기적으로 확인해야 한다.

6) 계면활성제 및 접착제 제조시설은 알킬페놀류의 누출 여부를 허가조건에 따라 주기적으로 확인해야 한다.

나. 주변 영향조사에 관한 사항

사업장에 「폐기물관리법」 제31조제3항에 따른 주변 지역 영향 조사 대상 폐기물처리시설을 설치·운영 중인 경우에는 주변 지역에 미치는 영향을 3년마다 조사하고 그 결과를 환경부장관에게 제출해야 한다.

7. 영 별표 1 제12호에 따른 업종에서 설치·운영하는 배출시설등 및 방지시설

가. 환경으로 직접 배출되는 오염물질등의 측정에 관한 사항

1) 폐석고 매립시설은 침출수에서 유독물질이 검출되는지 여부를 허가조건에 따라 주기적으로 확인해야 한다.

2) 사업장에 「폐기물관리법」 제29조제2항에 따른 설치 승인 또는 신고 대상 폐기물매립시설을 설치·운영 중인 경우에는 같은 법 제31조제2항에 따라 측정결과를 환경부장관에게 제출해야 한다.

나. 주변 영향조사에 관한 사항

1) 사업장에 「폐기물관리법」 제31조제3항에 따른 주변 지역 영향 조사 대상 폐기물처리시설을 설치·운영 중인 경우에는 주변 지역에 미치는 영향을 3년마다 조사하고 그 결과를 환경부장관에게 제출해야 한다.

2) 인산 제조공정을 운영하는 경우에는 불소가 주변지역 토양에 미치는 영향을 허가조건에 따라 주기적으로 조사하고 그 결과를 환경부장관에게 제출해야 한다.

8. 영 별표 1 제13호 및 제14호에 따른 업종에서 설치·운영하는 배출시설등 및 방지시설

　가. 환경으로 직접 배출되는 오염물질등의 측정에 관한 사항

　사업장에 「잔류성오염물질 관리법」 제2조제2호에 따른 배출시설을 설치·운영하는 경우에는 같은 법 제19조제1항에 따라 잔류성오염물질을 측정하고 기록·보존해야 한다.

　나. 주변 영향조사에 관한 사항

　사업장에 「잔류성오염물질 관리법」 제2조제2호에 따른 배출시설을 설치·운영하는 경우에는 같은 법 제19조제2항에 따라 주변지역에 미치는 영향을 조사하고, 그 결과를 환경부장관에게 제출해야 한다.

9. 영 별표 1 제16호에 따른 업종에서 설치·운영하는 배출시설등 및 방지시설

　가. 환경으로 직접 배출되는 오염물질등의 측정에 관한 사항

　　1) 계류(繫留)·내장적출·가열·폐기물보관·폐수처리 시설에서 발생하는 악취를 허가조건에 따라 주기적으로 측정해야 한다.

　　2) 사업장에「잔류성오염물질 관리법」에 따른 배출시설을 설치·운영하는 경우에는 같은 법 제19조제1항에 따라 잔류성오염물질을 측정하고 기록·보존해야 한다.

　나. 주변환경영향조사에 관한 사항

　사업장에「폐기물관리법」제31조제3항에 따른 주변 지역 영향 조사 대상 폐기물처리시설을 설치·운영 중인 경우에는 같은 항에 따라 주변 지역에 미치는 영향을 3년마다 조사하고 그 결과를 환경부장관에게 제출해야 한다.

10. 영 별표 1 제17호에 따른 업종에서 설치·운영하는 배출시설등 및 방지시설

　가. 환경으로 직접 배출되는 오염물질등의 측정에 관한 사항

　폐기물보관시설 및 폐수처리시설에서 발생하는 악취를 허가조건에 따라 주기적으로 측정·관리해야 한다.

11. 영 별표 1 제18호에 따른 업종에서 설치·운영하는 배출시설등 및 방지시설

　가. 환경으로 직접 배출되는 오염물질등의 측정에 관한 사항

　　1) 사업장에 「대기환경보전법」 제38조의2제1항에 따른 비산배출시설을 설치·운영 중인 경우에는 같은 조 제5항 및 제7항에 따라 오염배출농도를 측정하고 그 결과를 환경부장관에게 제출해야 한다.

　　2) 면 또는 면 혼방 모소(毛燒)시설(섬유표면의 잔털을 태우는 시설)을 운영하는

경우에는 해당 시설에서 배출되는 먼지 농도를 허가조건에 따라 주기적으로 측정해야 한다.

12. 영 별표 1 제19호에 따른 업종에서 설치·운영하는 배출시설등 및 방지시설
    가. 환경으로 직접 배출되는 오염물질등의 측정에 관한 사항
    사업장에 「대기환경보전법」제38조의2제1항에 따른 비산배출시설을 설치·운영 중인 경우에는 같은 조 제5항 및 제7항에 따라 오염배출농도를 측정하고 그 결과를 환경부장관에게 제출해야 한다.

13. 영 별표 1 제20호에 따른 업종에서 설치·운영하는 배출시설등 및 방지시설
    가. 환경으로 직접 배출되는 오염물질등의 측정에 관한 사항
    불소화합물, 염소화합물을 저장·공급·사용하는 배출시설에서 누출되는 오염물질을 처리하기 위하여 방지시설을 설치·운영하는 경우에는 불소화합물, 염소화합물의 누출 여부를 허가조건에 따라 주기적으로 확인해야 한다.

14. 영 별표 1 제21호에 따른 업종에서 설치·운영하는 배출시설등 및 방지시설
    가. 환경으로 직접 배출되는 오염물질등의 측정에 관한 사항
    1) 사업장에 「대기환경보전법」 제38조의2제1항에 따른 비산배출시설을 설치·운영 중인 경우에는 같은 조 제5항 및 제7항에 따라 오염배출농도를 측정하고 그 측정결과를 환경부장관에게 제출해야 한다.
    2) 사업장에 「대기환경보전법」 제44조제1항에 따른 휘발성유기화합물을 배출하는 시설을 설치·운영 중인 경우에는 같은 조 제13항에 따라 휘발성유기화합물의 배출 여부 및 그 농도 등을 측정하고 그 결과를 기록·보존해야 한다.
    3) 사업장에 「잔류성오염물질 관리법」에 따른 배출시설을 설치·운영하는 경우에는 같은 법 제19조제1항에 따라 잔류성오염물질을 측정하고 그 결과를 기록·보존해야 한다.

행정처분 기준은 [별표 14] 행정처분 기준(제25조 관련)에 따라 일반기준, 개별기준으로 나뉘며, 비고를 참조하여 확인할 수 있다.

■ 환경오염시설의 통합관리에 관한 법률 시행규칙 [별표 14] 〈개정 2021. 7. 1.〉

행정처분 기준(제25조 관련)

1. 일반기준

가. 위반행위가 두 가지 이상인 경우에는 각 위반사항에 따라 각각 처분하여야 한다. 다만, 제2호 각 목의 처분기준이 모두 조업정지(같은 호 다목의 경우에는 영업정지를 말한다)인 경우에는 처분기간이 긴 처분기준에 따르되, 각 처분기준을 합산한 기간을 넘지 아니하는 범위에서 무거운 처분기준의 2분의 1의 범위에서 가중할 수 있다.

나. 위반행위의 횟수에 따른 행정처분기준은 최근 2년간[제2호가목8)나) 중 매연의 경우, 제2호가목 중 법 제2조제2호가목·라목 또는 바목의 시설의 경우 및 제2호나목의 경우에는 최근 1년간] 같은 위반행위로 행정처분을 받은 경우에 적용한다. 이 경우 기간의 계산은 위반행위에 대하여 행정처분을 받은 날과 그 처분 후 다시 같은 위반행위를 하여 적발된 날을 기준으로 하며, 법 제2조제2호나목의 대기오염물질배출시설 및 그에 딸린 방지시설에 대한 위반횟수는 배출구별로 산정한다.

다. 나목에 따라 가중된 부과처분을 하는 경우 가중처분의 적용 차수는 그 위반행위 전 부과처분 차수(나목에 따른 기간 내에 행정처분이 둘 이상 있었던 경우에는 높은 차수를 말한다)의 다음 차수로 한다.

라. 제2호나목에서 대기오염물질을 측정하는 기기의 설치·운영 등에 관한 위반횟수와 수질오염물질을 측정하는 기기의 설치·운영 등에 관한 위반횟수는 서로 합산하지 아니한다.

마. 처분권자는 다음의 어느 하나에 해당하는 경우에는 제2호에 따른 조업정지(같은 호 다목의 경우에는 영업정지를 말한다) 기간의 2분의 1의 범위에서 행정처분 기간을 줄일 수 있다.

 1) 위반의 정도가 경미하고 이로 인한 주변지역의 환경오염이 발생하지 아니하

였거나 미미하여 사람의 건강에 영향을 미치지 아니한 경우

2) 고의성이 없이 불가피하게 위반행위를 한 경우로서 신속히 적절한 사후조치를 취한 경우

3) 위반행위에 대하여 행정처분을 하는 것이 지역주민의 건강과 생활환경에 심각한 피해를 줄 우려가 있는 경우

4) 공익을 위하여 특별히 행정처분 기간을 줄일 필요가 있는 경우

바. 이 기준에 명시되지 아니한 사항으로 처분의 대상이 되는 사항이 있을 때에는 이 기준 중 가장 유사한 사항에 따라 처분한다.

2. 개별기준

가. 배출시설 및 방지시설등과 관련된 행정처분기준

위 반 사 항	근거 법령	행정처분기준			
		1차	2차	3차	4차
1) 거짓이나 그 밖의 부정한 방법으로 법 제6조에 따른 허가 또는 변경허가를 받았거나 변경신고를 한 경우	법 제22조 제1항 제1호	허가취소			
2) 법 제6조제1항에 따른 허가를 받지 아니하고 배출시설등을 설치하거나 운영한 경우	법 제22조 제1항 제2호				
가) 해당 배출시설등의 설치 또는 운영이 가능한 지역에 설치하거나 운영한 경우		사용중지			
나) 법 제7조제6항 또는 다른 법률에 따라 해당 배출시설등의 설치 또는 운영이 금지 또는 제한되는 지역에 설치하거나 운영한 경우		폐쇄명령			
3) 법 제6조에 따른 허가 또는 변경허가를 받은 후 특별한	법 제22조	허가취소			

사유 없이 5년 이내에 배출시설등을 설치하지 아니하거나 해당 시설의 멸실 또는 폐업이 확인된 경우	제1항 제3호				
4) 법 제6조제2항에 따른 변경허가를 받지 아니하고 배출시설등을 설치하거나 운영한 경우	법 제22조 제1항 제4호				
가) 해당 배출시설등의 설치 또는 운영이 가능한 지역에 설치하거나 운영한 경우		사용중지			
나) 법 제7조제6항 또는 다른 법률에 따라 해당 배출시설등의 설치 또는 운영이 금지 또는 제한되는 지역에 설치하거나 운영한 경우		폐쇄명령			
5) 법 제6조제2항에 따른 변경신고를 하지 아니한 경우	법 제22조 제2항 제1호				
가) 변경신고를 하지 않은 사항이 배출시설등의 설치·운영에 관한 사항인 경우		사용중지			
나) 가) 외의 경우		경고	조업정지 5일	조업정지 10일	조업정지 30일
~~6) 법 제6조제3항에 따른 허가조건을 준수하지 아니한 경우~~	~~법 제22조 제1항 제5호~~				
~~가) 법 제7조제5항에 따른 배출시설 설치제한지역 밖에 있는 사업장의 경우~~		~~경고~~	~~조업정지 10일~~	~~조업정지 1개월~~	~~조업정지 3개월~~

~~나) 법 제7조제5항에 따른 배출시설 설치제한지역 안에 있는 사업장의 경우~~		경고	~~조업정지 1개월~~	조업정지 3개월	~~허가취소~~
7) 법 제12조제1항에 따른 가동개시 신고를 하지 아니하고 배출시설등을 가동한 경우	법 제22조 제1항 제6호	조업정지	허가취소		
8) 법 제14조제1항에 따른 개선명령을 받은 자가 개선명령을 이행하지 아니하거나 기간 내에 이행은 하였으나 측정 결과 허가배출기준을 계속 초과하는 경우	법 제14조 제2항				
가) 소음·진동 또는 잔류성 오염물질의 허가배출기준을 초과하여 개선명령을 받은 경우		사용중지	사용중지	사용중지	사용중지
나) 가) 외의 경우		경고	조업정지 10일	조업정지 20일	조업정지
9) 법 제14조제2항에 따른 조업정지 또는 사용중지명령을 받은 자가 이를 이행하지 아니한 경우	법 제22조 제1항 제7호				
가) 잔류성오염물질의 허가배출기준을 초과하여 조업정지 또는 사용중지명령을 받은 경우		허가취소			
나) 가) 외의 경우		조업정지 또는 사용중지	허가취소		
10) 법 제21조제1항 각 호의 어느 하나에 해당하는 행위	법 제22조				

를 한 경우 가) 대기오염물질배출시설과 그에 딸린 방지시설을 운영하는 경우	제1항 제11호			
(1) 대기오염물질배출시설을 가동할 때에 방지시설을 가동하지 아니하거나 오염도를 낮추기 위하여 대기오염물질배출시설에서 나오는 대기오염물질에 공기를 섞어 배출하는 행위		조업정지 10일	조업정지 30일	허가취소
(2) 방지시설을 거치지 아니하고 대기오염물질을 배출할 수 있는 공기 조절장치나 가지 배출관 등을 설치하는 행위		조업정지 10일	조업정지 30일	허가취소
(3) 부식이나 마모로 인하여 대기오염물질이 새나가는 대기오염물질배출시설이나 방지시설을 정당한 사유 없이 방치하는 행위		경고	조업정지 10일	조업정지 30일	허가취소
(4) 방지시설에 딸린 기계 또는 기구류(예비용을 포함한다)의 고장이나 훼손을 정당한 사유 없이 방치하는 행위		경고	조업정지 10일	조업정지 20일	조업정지 30일
나) 폐수배출시설과 그에 딸린 방지시설을 운영하는				

경우				
~~(1) 폐수배출시설에서 배출되는 수질오염물질을 방지시설에 유입하지 아니하고 배출한 경우~~	~~조업정지 10일~~	~~조업정지 3개월~~	~~허가취소~~	
~~(2) 폐수배출시설에서 배출되는 수질오염물질을 방지시설에 유입하지 아니하고 배출할 수 있는 시설을 설치한 경우~~	~~조업정지 10일~~	~~조업정지 30일~~	~~허가취소~~	
~~(3) 방지시설에 유입되는 수질오염물질을 최종 방류구를 거치지 아니하고 배출하거나 최종 방류구를 거치지 아니하고 배출할 수 있는 시설을 설치한 경우~~	~~조업정지 10일~~	~~조업정지 30일~~	~~허가취소~~	
~~(4) 법 제21조제1항제2호다목 단서에 따른 인정을 받지 아니하고 수질오염물질을 희석하여 배출한 경우~~	~~조업정지 10일~~	~~조업정지 30일~~	~~허가취소~~	
(5) 법 제21조제1항제2호다목 단서에 따른 인정을 받은 희석배출을 지키지 아니한 경우	경고	~~조업정지 10일~~	~~조업정지 20일~~	~~조업정지 30일~~
다) 그 밖에 대기오염물질배출시설 또는 폐수배출시설과 그에 딸린 방지시설을 정당한 사유 없이	조업정지 10일	조업정지 30일	허가취소	

정상적으로 가동하지 아니함으로써 허가배출기준을 초과하여 오염물질등을 배출한 경우					
11) 법 제21조제3항에 따른 필요한 조치명령을 이행하지 아니한 경우	법 제21조 제3항 후단				
가) 배출시설등 및 방지시설의 설치·관리 및 조치기준을 위반하여 조치명령을 받은 경우		~~조업정자~~	~~허가취소~~		
나) 오염물질등의 측정·조사 기준을 위반하여 조치명령을 받은 경우		~~사용중자~~	~~허가취소~~		
12) 법 제21조제3항에 따른 조업정지 또는 사용중지명령을 이행하지 아니한 경우	법 제22조 제1항 제12호	~~조업정자~~ 또는 ~~사용중자~~	~~허가취소~~		
13) 사업자가 사업을 하지 아니하기 위하여 해당 배출시설등을 철거한 경우	법 제22조 제1항 제13호	허가취소			
14) 법 제31조제1항을 위반하여 오염물질등을 측정하지 아니하거나 측정 방법을 위반하여 측정한 경우	법 제22조 제2항 제2호	경고	조업정지 5일	조업정지 5일	조업정지 10일
15) 법 제31조제1항을 위반하여 측정 결과를 거짓으로 기록하거나 기록·보존하지 아니한 경우	법 제22조 제2항 제3호	경고	조업정지 5일	조업정지 5일	조업정지 10일
16) 법 제32조 각 호의 어느 하나에 해당하는 사항을 거	법 제22조				

	제2항 제4호				
짓으로 기록하거나 기록·보존하지 아니한 경우					
가) 기록·보존하여야 하는 사항이 배출시설등 및 방지시설의 운영에 관한 사항인 경우		경고	조업정지 5일	조업정지 10일	조업정지 20일
나) 기록·보존하여야 하는 사항이 법 제6조제3항에 따른 허가조건의 이행에 관한 사항인 경우		경고	경고	조업정지 5일	조업정지 10일

비고

1. 조업정지(사용중지를 포함한다. 이하 이 호에서 같다) 기간은 조업정지처분에 명시된 조업정지일부터 다음 각 목의 구분에 따른 날까지의 기간으로 한다.
    가. 위 표의 2)가), 4)가), 5)가) 및 7)의 경우: 해당 시설의 가동개시 신고를 수리한 날(가동개시 신고 대상이 아닌 경우에는 변경신고를 수리한 날)
    나. 위 표의 8)의 경우: 해당 시설의 개선을 완료한 날
    다. 위 표의 11)의 경우: 해당 시설의 개선을 완료한 날 또는 설치기준에 맞는 저감시설이나 방지시설의 설치를 완료한 날
2. 위 표의 9)나) 및 12)의 조업정지 일수는 조업정지 또는 사용중지명령 기간중 조업한 일수의 4배로 한다.
3. 수질오염물질에 대한 허가배출기준을 초과하여 위 표의 8)나)의 처분기준에 따른 처분을 하여야 하는 경우로서 허가배출기준 초과율이 50퍼센트(특정수질유해물질인 경우에는 30퍼센트) 미만인 경우에는 해당 처분기준보다 1단계 낮은 차수의 기준(해당 위반이 최초 또는 5회차 이상인 경우는 제외한다)을 적용하고, 허가배출기준 초과율이 200퍼센트 이상 600퍼센트 미만(특정수질유해물질인 경우에는 100퍼센트 이상 300퍼센트 미만)인 경우에는 해당 처분기준보다 1단계 높은 차수의 기준을 적용하며, 허가배출기준 초과율이 600퍼센트 이상(특정수질유해물질인 경우에는 300퍼센트 이상)인 경우에는 해당 처분기준보다 2단계 높은 기준을 적용한다.
4. 비고 제3호에도 불구하고 「물환경보전법 시행규칙」 별표 2 제41호에 따른 생태독성물질의 허가배출기준을 초과하여 위 표의 8)나)의 처분기준을 적용할 때에

위반횟수가 2회차 이상인 경우에는 1단계 낮은 차수의 기준을 적용한다.

5. 최근 1년간 「물환경보전법」 제12조제3항에 따른 방류수 수질기준을 초과하지 아니한 사업자에 대하여는 폐수배출시설과 그에 딸린 방지시설과 관련하여 위 표의 5) 또는 16)의 위반사항에 해당하여 처분기준을 적용할 때에 1단계 낮은 차수의 기준을 적용한다(해당 위반이 최초 또는 5회차 이상인 경우는 제외한다).

나. 자동측정기기 등의 부착·운영 등과 관련된 행정처분기준

위 반 사 항	근거 법령	행정처분기준			
		1차	2차	3차	4차
1) 법 제19조제1항에 따른 측정기기를 부착하지 않은 경우	법 제22조 제1항 제8호				
가) 적산전력계 미부착		경 고	경 고	경 고	조업정지 5일
나) 사업장 안의 일부 자동측정기기 미부착		경 고	경 고	조업정지 10일	조업정지 30일
다) 사업장 안의 모든 자동측정기기 미부착		경 고	조업정지 10일	조업정지 30일	허가취소
2) 법 제20조제1항 각 호의 어느 하나에 해당하는 행위를 한 경우	법 제22조 제1항 제9호				
가) 법 제20조제1항제1호에 따른 행위를 한 경우		경 고	조업정지 5일	조업정지 10일	조업정지 30일
나) 법 제20조제1항제2호에 따른 행위를 한 경우		경 고	경 고	조업정지 10일	조업정지 30일
다) 법 제20조제1항제3호에 따른 행위를 한 경우		조업정지 30일	조업정지 90일	허가취소	
라) 법 제20조제1항제4호에 따른 행위를 한 경우					
(1) 측정기기 등의 측정범위 등에 관한 프로그램을 조작한 경우		조업정지 10일	조업정지 30일	허가취소	
(2) 측정기기 또는 전송기의		조업정지	조업정지	허가취소	

위반사항	근거법령				

위반사항	근거법령	1차	2차	3차	4차
입·출력 전류의 세기를 임의로 조작한 경우		5일	10일		
(3) 굴뚝 자동측정기기 교정가스 또는 교정액의 표준값을 거짓으로 입력하거나 부적절한 교정가스 또는 교정액을 사용한 경우		경고	경고	조업정지 5일	조업정지 10일
(4) 수질자동측정기기 표준액의 표준값을 거짓으로 입력하거나 사용한 경우		경고	경고	조업정지 5일	조업정지 10일
3) 법 제20조제3항에 따른 조치명령을 위반한 경우	법 제20조 제4항	조업정지 5일	조업정지 10일	조업정지 20일	조업정지 30일
4) 법 제20조제4항에 따른 조업정지명령을 위반한 경우	법 제22조 제1항 제10호	허가취소			

다. 통합허가대행업과 관련된 행정처분기준

위반사항	근거법령	행정처분기준			
		1차	2차	3차	4차
1) 거짓이나 그 밖의 부정한 방법으로 등록한 경우	법 제11조의7 제1항제1호	등록취소			
2) 영업정지기간 중 대행계약을 새로 체결한 경우	법 제11조의7 제1항제2호	등록취소			
3) 등록 후 2년 이내에 통합허가대행업을 시작하지 않거나 계속하여 2년 이상 통합허가대행	법 제11조의7 제1항제3호	등록취소			

위반행위	근거 법조문	1차	2차	3차	4차
실적이 없는 경우					
4) 거짓이나 부정한 방법으로 법 제11조의8제1항에 따른 영업수행능력 평가를 받은 경우	법 제11조의7 제1항제4호	영업정지 6개월	등록취소		
5) 법 제11조의2제1항에 따른 기술인력, 시설 및 장비를 갖추지 못하게 된 경우	법 제11조의7 제1항제5호				
가) 기술인력이 3명 이상 부족한 경우		영업정지 3개월	영업정지 6개월	등록취소	
나) 기술인력이 3명 미만 부족한 경우		영업정지 1개월	영업정지 3개월	영업정지 6개월	등록취소
다) 1개월 이상 사무실이 없는 경우		경고	영업정지 1개월	영업정지 3개월	영업정지 6개월
라) 갖춰야 하는 장비가 부족한 경우		경고	영업정지 1개월	영업정지 3개월	영업정지 6개월
6) 법 제11조의2제1항 후단을 위반하여 변경등록을 하지 않고 중요사항을 변경한 경우	법 제11조의7 제1항제6호	경고	영업정지 1개월	영업정지 3개월	영업정지 6개월
7) 법 제11조의3에 따른 결격사유에 해당하는 경우. 다만, 제11조의3제5호에 해당하는 법인이 6개월 이내에 그 임원을 바꾸어 임명한 경우에는 그렇지 않다.	법 제11조의7 제1항제7호	등록취소			
8) 법 제11조의4제1항에 따른 준수사항을 위반한 경우	법 제11조의7 제1항제8호				

가) 법 제11조의4제1항 제1호를 위반하여 통합허가서류등과 그 작성의 기초가 되는 자료를 거짓으로 작성한 경우	영업정지 6개월	등록취소		
나) 법 제11조의4제1항 제1호를 위반하여 통합허가서류등과 그 작성의 기초가 되는 자료를 부실하게 작성한 경우	경고	영업정지 1개월	영업정지 3개월	영업정지 6개월
다) 법 제11조의4제1항 제2호를 위반하여 통합허가서류등과 그 작성의 기초가 되는 자료를 제9조의3제1항에 따른 기간 동안 보존하지 않은 경우(법 제11조의4제1항제2호 단서에 해당하는 경우는 제외한다)	경고	영업정지 1개월	영업정지 3개월	영업정지 6개월
라) 법 제11조의4제1항 제3호를 위반하여 등록증이나 명의를 다른 사람에게 빌려 준 경우	영업정지 6개월	등록취소		
마) 법 제11조의4제1항 제4호를 위반하여 통합허가서류등의 작성에 관한 대행	영업정지 6개월	등록취소		

	업무를 다른 자에게 재대행하거나 다른 자로부터 재대행을 받은 경우(법 제11조의4제1항제4호 단서에 해당하는 경우는 제외한다)				
바) 법 제11조의4제1항제5호를 위반하여 제9조의3제3항 각 호의 준수사항을 이행하지 않은 경우		경고	영업정지 1개월	영업정지 3개월	영업정지 6개월

다. 통합허가대행업과 관련된 행정처분기준

비고: 위 표의 5)가) 및 나)의 행정처분기준은 기술인력이 부족한 상태가 30일 이상 계속된 경우만 해당한다.

최대배출기준은 [별표 15] 최대배출기준(제26조제2항 관련)에서 대기오염물질, 소음·진동, 수질오염물질, 악취, 잔류성오염물질에 대하여 규정하고 있다.

■ 환경오염시설의 통합관리에 관한 법률 시행규칙 [별표 15] 〈개정 2023. 2. 8.〉

최대배출기준(제26조제2항 관련)

1. 대기오염물질
   가. 대기오염물질의 최대배출기준은 영 별표 1에 따른 업종별로 다음과 같이 정한다.

1) 영 별표 1 제1호·제2호에 따른 업종

오염물질	배출시설	최대배출기준 (표준산소농도)

먼지
(mg/Sm^3)
	가) 전기 생산시설
	  (1) 고체연료 사용시설(증기터빈)
	    (가) 설비용량 100MW 이상
	      ① 2001년 6월 30일 이전에 설치한 시설
	      ② 2001년 7월 1일 이후 2014년 12월 31일 이전에 설치한 시설
	    (나) 설비용량 100MW 미만(2001년 6월 30일 이전에 설치한 시설)
	  (2) 설비용량 100MW 미만인 액체연료 사용시설(2001년 6월 30일 이전에 설치한 시설)
		
		18(6)
		15(6)
		
		33(6)
		
		21(4)

황산화물
(ppm)
	가) 전기 생산시설
	  (1) 설비용량 100MW 이상인 고체연료 사용시설(증기터빈)
	    (가) 1996년 6월 30일 이전에 설치한 시설
	    (나) 1996년 7월 1일 이후 2014년 12월 31일 이전에 설치한 시설
		
		100(6)
		80(6)

질소산화물
(ppm)
	가) 전기 생산시설
	  (1) 고체연료 사용시설(증기터빈)
	    (가) 1996년 6월 30일 이전에 설치한 시설
	    (나) 2014년 12월 31일 이전에 설치한 시설
	  (2) 기체연료 사용시설
	    (가) 발전용 내연기관(2001년 6월 30일 이전에 설치한 가스터빈)
	    (나) 그 밖의 발전시설(2001년 7월 1일 이후 2014년 12월 31일 이전에 설치한 시설)
		
		140(6)
		70(6)
		
		80(15)
		
		43(4)

2) 영 별표 1 제3호에 따른 업종

오염물질	배출시설	최대배출기준 (표준산소농도)
먼지 (mg/Sm³)	가) 생활 폐기물 소각시설 　(1) 소각용량이 시간당 2톤 이상인 시설(2014년 12월 31일 이전에 설치한 시설)	20(12)
	(2) 소각용량이 시간당 200킬로그램 이상 2톤 미만인 시설(2014년 12월 31일 이전에 설치한 시설)	30(12)
	나) 사업장 일반 폐기물 소각시설 　(1) 소각용량이 시간당 2톤 이상인 시설(2014년 12월 31일 이전에 설치한 시설)	20(12)
	(2) 소각용량이 시간당 200킬로그램 이상 2톤 미만인 시설(2014년 12월 31일 이전에 설치한 시설)	30(12)
	다) 지정 폐기물 소각시설 　(1) 소각용량이 시간당 2톤 이상인 시설(2014년 12월 31일 이전에 설치한 시설)	20(12)
	(2) 소각용량이 시간당 200킬로그램 이상 2톤 미만인 시설(2014년 12월 31일 이전에 설치한 시설)	20(12)
	라) 소각용량이 시간당 200킬로그램 이상인 의료 폐기물 소각시설(2014년 12월 31일 이전에 설치한 시설)	20(12)
황산화물 (ppm)	가) 소각용량이 시간당 2톤 이상인 생활 폐기물 소각시설	30(12)
	나) 소각용량이 시간당 2톤 이상인 사업장 일반 폐기물 소각시설	30(12)
	다) 지정 폐기물 소각시설 　(1) 소각용량이 시간당 2톤 이상인 시설	30(12)
	(2) 소각용량이 시간당 200킬로그램 이상 2톤 미만인 시설	30(12)
	가) 생활 폐기물 소각시설	

질소산화물 (ppm)	(1) 소각용량이 시간당 2톤 이상인 시설	70(12)
	(2) 소각용량이 시간당 2톤 미만인 시설	90(12)
	나) 사업장 일반 폐기물 소각시설	
	(1) 소각용량이 시간당 2톤 이상인 시설	70(12)
	(2) 소각용량이 시간당 2톤 미만인 시설	90(12)
	다) 소각용량이 시간당 2톤 이상인 지정 폐기물 소각시설	70(12)
	라) 소각용량이 시간당 200킬로그램 이상인 의료 폐기물 소각시설	70(12)
일산화탄소 (ppm)	가) 생활 폐기물 소각시설	
	(1) 소각용량이 시간당 2톤 이상인 시설	50(12)
	(2) 소각용량이 시간당 2톤 미만인 시설	200(12)
	나) 사업장 일반 폐기물 소각시설	
	(1) 소각용량이 시간당 2톤 이상인 시설	50(12)
	(2) 소각용량이 시간당 2톤 미만인 시설	200(12)
	다) 지정 폐기물 소각시설	
	(1) 소각용량이 시간당 2톤 이상인 시설	50(12)
	(2) 소각용량이 시간당 2톤 미만인 시설	200(12)
	라) 소각용량이 시간당 200킬로그램 이상인 의료 폐기물 소각시설	50(12)
염화수소 (ppm)	가) 생활 폐기물 소각시설	
	(1) 소각용량이 시간당 2톤 이상인 시설	15(12)
	(2) 소각용량이 시간당 2톤 미만인 시설	20(12)
	나) 사업장 일반 폐기물 소각시설	
	(1) 소각용량이 시간당 2톤 이상인 시설	15(12)
	(2) 소각용량이 시간당 2톤 미만인 시설	20(12)
	다) 지정 폐기물 소각시설	
	(1) 소각용량이 시간당 2톤 이상인 시설	15(12)
	(2) 소각용량이 시간당 2톤 미만인 시설	20(12)
	라) 소각용량이 시간당 200킬로그램 이상인 의료 폐기물 소각시설	15(12)

3) 영 별표 1 제4호·제5호에 따른 업종

오염물질	배출시설	최대배출기준 (표준산소농도)
먼지 (mg/Sm^3)	가) 방향족탄화수소 제조공정의 가열시설 나) 무수말레인산 또는 무수프탈산의 제조공정의 폐가스 소각처리시설(소각용량이 시간당 200킬로그램 이상 2톤 미만으로서 2014년 12월 31일 이전에 설치한 시설)	30(4) 30(12)
황산화물 (ppm)	가) 방향족탄화수소 제조공정의 가열시설	328(4)

질소산화물
(ppm)
	가) 방향족탄화수소 제조공정의 가열시설
	  (1) 액체연료 사용시설로서 증발량이 시간당 50톤 미만인 시설
	  (2) 기체연료 사용시설로서 증발량이 시간당 50톤 미만인 시설
	나) 에틸렌디클로라이드 또는 염화비닐 모노머 제조공정의 폐가스 소각처리시설(소각용량이 시간당 2톤 이상인 시설)
	다) 아크로니트릴 제조공정의 폐가스 소각처리시설(소각용량이 시간당 2톤 이상인 시설)
	라) 고순도테레프탈산 제조공정의 가열시설(기체연료 사용시설로서 증발량이 시간당 50톤 이상이며 2001년 6월 30일 이전에 설치한 시설)
	마) 옥탄올 또는 부탄올 제조공정의 폐가스 소각처리시설(소각용량이 시간당 2톤 미만인 시설)
		135(4)
		
		150(4)
		
		70(12)
		
		70(12)
		
		121(4)
		
		90(12)

일산화탄소	가) 에틸렌디클로라이드 또는 염화비닐 모노머	50(12)

오염물질	배출시설	최대배출기준
(ppm)	제조공정의 폐가스 소각처리시설(소각용량이 시간당 2톤 이상인 시설) 나) 아크로니트릴 제조공정의 폐가스 소각처리시설(소각용량이 시간당 2톤 이상인 시설) 다) 무수말레인산 또는 무수프탈산 제조공정의 폐가스 소각처리시설(소각용량이 시간당 2톤 이상인 시설) 라) 메틸메타크릴레이트 제조공정의 폐가스 소각처리시설(소각용량이 시간당 2톤 이상인 시설) 마) 부타디엔 고무, 아크릴로니트릴 부타디엔 고무, 스티렌 부타디엔 라텍스 또는 스티렌 부타디엔 고무 제조공정의 폐가스 소각처리시설(소각용량이 시간당 2톤 미만인 시설)	50(12) 48(12) 45(12) 200(12)

4) 영 별표 1 제6호에 따른 업종

오염물질	배출시설	최대배출기준 (표준산소농도)

먼지
(mg/Sm^3)
	가) 제선(製銑)공정
	  (1) 소결로(燒結爐, Sintering furnace)(2014년 12월 31일 이전에 설치한 시설)
	  (2) 소결광(Sinter) 후처리시설(2014년 12월 31일 이전에 설치한 시설)
	  (3) 코크스 제조시설 중 인출 및 냉각시설
	나) 제강(製鋼)공정
	  (1) 전로(Converter: 고로에서 생산된 쇳물에서 불순물을 제거하는 설비) 및 정련로
	    (가) 2007년 1월 31일 이전에 설치한 시설
	    (나) 2007년 2월 1일 이후 2014년 12월 31일 이전에 설치한 시설
	  (2) 전기로(1999년 1월 1일 이후 2014년 12월 31일 이전에 설치한 시설)
	다) 금속표면처리공정의 연마시설
		26(15)
		
		25
		
		20
		
		40
		15
		
		10
		
		40

	라) 산재생시설	44
황산화물 (ppm)	가) 제선공정의 소결로(2007년 1월 31일 이전에 설치한 시설)	193(15)
질소산화물 (ppm)	가) 제선공정의 소결로(2007년 1월 31일 이전에 설치한 시설) 나) 압연공정의 가열로(2007년 1월 31일 이전에 설치한 시설) 다) 금속표면처리공정의 산·알칼리 처리시설	200(15) 200(11) 200
염화수소 (ppm)	가) 금속표면처리공정의 산·알칼리 처리시설	3
불소화합물 (ppm)	가) 제강공정의 전기로 나) 금속표면처리공정의 산·알칼리 처리시설	3 3
암모니아 (ppm)	가) 금속표면처리공정의 산·알칼리 처리시설	35

5) 영 별표 1 제7호에 따른 업종

오염물질	배출시설	최대배출기준 (표준산소농도)
먼지 (mg/Sm³)	가) 구리 제조공정 (1) 제련 및 정련을 위한 용융·용해시설(2015년 1월 1일 이후에 설치한 시설) (2) 가공 및 합금을 위한 전기로(1999년 1월 1일 이후 2014년 12월 31일 이전에 설치한 시설)	7 7

	나) 납 제조공정의 제련 및 정련을 위한 용융·용해시설(2007년 2월 1일 이후 2014년 12월 31일 이전에 설치한 시설)	19
	다) 귀금속 및 희소금속 제조공정 (1) 정련을 위한 용융·용해시설(2015년 1월 1일 이후에 설치한 시설)	9
	(2) 정련을 위한 전기로(1999년 1월 1일 이후 2014년 12월 31일 이전에 설치한 시설)	9
	라) 알루미늄 제조공정 (1) 제련 및 정련을 위한 용융·용해시설(2007년 2월 1일 이후 2014년 12월 31일 이전에 설치한 시설)	13
	(2) 가공 및 합금을 위한 용융·용해시설(2007년 1월 31일 이전에 설치한 시설)	24
	마) 아연 제조공정의 제련 및 정련을 위한 전기로(1999년 1월 1일 이후 2014년 12월 31일 이전에 설치한 시설)	5
황산화물 (ppm)	가) 납 제조공정의 전처리를 위한 배소로(2007년 1월 31일 이전에 설치한 시설)	180
질소산화물 (ppm)	가) 납 제조공정의 전처리를 위한 배소로(2007년 1월 31일 이전에 설치한 시설)	96
	나) 기타 비철금속 제조공정의 전처리를 위한 배소로(2007년 1월 31일 이전에 설치한 시설)	103

6) 영 별표 1 제8호에 따른 업종

오염물질	배출시설	최대배출기준 (표준산소농도)
먼지 (mg/Sm^3)	가) 석유정제품 제조공정 가열시설 및 촉매재생시설	19(4)

	나) 석유정제품 제조공정 황 회수시설 다) 중질유 분해공정 일산화탄소 소각보일러	19(4) 28(12)
황산화물 (ppm)	가) 석유정제품 제조공정 가열시설 및 촉매재생시설 나) 석유정제품 제조공정 폐황산 재생시설 다) 석유정제품 제조공정 황 회수시설(2014년 12월 31일 이전에 설치한 시설만 해당한다) 라) 중질유 분해공정 일산화탄소 소각보일러 건식 황산 회수시설(2014년 12월 31일 이전에 설치한 시설만 해당한다)	134(4) 202(8) 180(4) 265(12)
질소산화물 (ppm)	가) 석유정제품 제조공정 가열시설(증발량이 시간당 50톤미만인 시설만 해당한다) 나) 중질유 분해공정 일산화탄소 소각보일러	148(4) 141(12)
황화수소 (ppm)	가) 석유정제품 가열시설 나) 석유정제품 황 회수시설	3 3
일산화탄소 (ppm)	가) 중질유분해공정 일산화탄소 소각보일러 나) 폐수소각보일러(소각용량이 시간당 2톤 미만인 시설)	130(12) 115(12)
암모니아 (ppm)	석유정제품 제조공정 가열시설	46
벤젠 (ppm)	폐수소각시설	7

7) 영 별표 1 제9호에 따른 업종

오염물질	배출시설	최대배출기준 (표준산소농도)
염화수소 (ppm)	클로로알칼리 제조공정 염산제조시설(염산 및 염화수소 회수공정을 포함한다) 및 저장시설	5
질소산화물 (ppm)	가) 이산화티타늄 제조공정 소성시설 나) 실리카 제조공정 건조시설 다) 수산화알루미늄 제조공정 소성시설	150 193 145

8) 영 별표 1 제12호에 따른 업종

오염물질	배출시설	최대배출기준 (표준산소농도)
황산화물 (ppm)	황산 제조시설	218(8)
질소산화물 (ppm)	가) 화학비료 제조시설 나) 희질산 제조시설	168 195
암모니아 (ppm)	질산암모늄(초안) 제조시설	12
불소화합물 (ppm)	인산 제조시설	3

9) 영 별표 1 제13호 및 제14호에 따른 업종

오염물질	배출시설	최대배출기준
염화수소 (ppm)	화학펄프, 종이 및 판지 제조공정의 표백시설	3

10) 영 별표 1 제15호에 따른 업종

오염물질	배출시설	최대배출기준
질소산화물 (ppm)	평판 디스플레이 제조공정의 증착시설, 식각시설 및 표면처리시설	144
염화수소 (ppm)	평판 디스플레이 및 인쇄회로기판 제조공정의 증착시설, 식각시설 및 표면처리시설	3
탄화수소 (ppm)	가) 인쇄회로기판 제조공정의 건조시설 나) 적층 세라믹 커패시터(multilayer ceramic capacitor) 제조공정의 건조시설	35 100
불소 (ppm)	인쇄회로기판 제조공정의 증착시설, 식각시설 및 표면처리시설	2
페놀 (ppm)	평판 디스플레이 제조공정의 모든 배출 시설	2

11) 영 별표 1 제19호에 따른 업종

오염물질	배출시설	최대배출기준 (표준산소농도)
탄화수소 (ppm)	혼합시설 및 성형시설(가열시설 및 용융·용해 시설)	200

12) 영 별표 1 제20호에 따른 업종

오염물질	배출시설	최대배출기준 (표준산소농도)
암모니아 (ppm)	태양광 전지 제조공정의 증착시설, 식각시설 및 표면처리시설	25
염화수소 (ppm)	가) 웨이퍼 제조공정의 증착시설, 식각시설 및 표면처리시설 나) 반도체 제조공정의 증착시설, 식각시설 및 표면처리시설 다) 발광다이오드 제조공정의 증착시설, 식각시설 및 표면처리시설	3 3 3
질소산화물 (ppm)	반도체 제조공정의 증착시설, 식각시설 및 표면처리시설	111
포름알데히드 (ppm)	반도체 제조공정의 증착시설, 식각시설 및 표면처리시설	6
불소화합물 (ppm)	가) 웨이퍼 제조공정의 증착시설, 식각시설 및 표면처리시설(2014년 12월 31일 이전 설치시설) 나) 반도체 제조공정의 증착시설, 식각시설 및 표면처리시설(2014년 12월 31일 이전 설치시설) 다) 발광다이오드 제조공정의 증착시설, 식각시설 및 표면처리시설(2014년 12월 31일 이전 설치시설) 라) 태양광 전지 제조공정의 증착시설, 식각시설 및 표면처리시설(2014년 12월 31일 이전 설치시설)	2 2 2 2

13) 영 별표 1 제21호에 따른 업종

오염물질	배출시설	최대배출기준 (표준산소농도)
크롬 (mg/Sm3)	주조공정의 용융·용해로시설 및 주물사처리시설	0.3
페놀 (ppm)	주조공정의 주물사처리시설	3

비고

1. 최대배출기준 난의 표준산소농도는 배출가스 중 산소의 비율을 말한다.
2. 폐가스소각시설 중 직접연소에 의한 시설은 표준산소농도를 적용하지 아니한다. 다만, 실측산소농도가 12% 미만인 직접연소에 의한 시설은 표준산소농도를 적용한다.
3. 가목1)부터 13)까지의 어느 하나에 해당하지 않는 오염물질 또는 배출시설의 경우에는 「대기환경보전법 시행규칙」 별표 8 제2호에 따른 배출허용기준을 최대배출기준으로 한다.
4. 가목1)부터 13)까지에서 황산화물, 질소산화물, 불소화합물의 최대배출기준은 각각 이산화황(SO_2), 이산화질소(NO_2), 불소이온(F)의 농도를 측정하여 황산화물, 질소산화물, 불소화합물의 농도로 환산한 값에 대한 기준을 말한다.
5. 가목4) 및 5)의 배출시설란 중 "전기로"란 전기아크로 및 전기유도로를 말한다.
6. 가목5)의 배출시설란 중 "용융·용해시설"이란 용선로(鎔銑爐: 무쇠를 녹이는 가마), 용광로, 용선 예비처리시설, 전로, 정련로, 제선로, 용융로, 용해로, 도가니로, 반사로 및 전해로를 말한다.
7. 가목5)의 배출시설란 중 "귀금속"이란 금, 은 및 백금족(백금, 팔라듐, 로듐, 루테늄, 이리듐, 오스뮴)을 말하고, "희소금속"이란 인듐, 갈륨, 셀레늄, 텔루륨, 레늄, 비스무스, 안티몬 및 텅스텐을 말하며, "기타 비철금속"이란 니켈, 코발트 및 마그네슘을 말한다.

나. 가목에도 불구하고 다음의 구분에 해당하는 오염물질의 경우에는 해당 1)부터 3)까지의 구분에 따른 기준을 최대배출기준으로 한다.

  1) 「대기환경보전법 시행규칙」 별표 8 제2호가목의 비고 제4호 또는 제5호에 따른 예외인정 허용기준을 적용하는 배출시설에서 배출되는 황산화물(SO_2) 또는 질소산화물(NO_2): 비고 해당 각 호의 구분에 따른 예외인정 허용기준

  2) 「대기환경보전법 시행규칙」 별표 8 제2호나목의 비고 제4호부터 제6호까지에 따른 별도의 배출허용기준을 적용하는 배출시설에서 배출되는 먼지: 비고 해당 각 호의 구분에 따른 별도의 배출허용기준

  3) 사업장에서 배출되는 연간 10톤 이상 배출되는 단일한 특정대기유해물질: 「대기환경보전법 시행규칙」 별표 8 제2호가목2) 또는 별표 8 제2호나목2)에 따른 배출허용기준

2. 소음·진동

 가. 소음의 최대배출기준은 70dB(A) 이하로 한다. 다만, 「소음·진동관리법 시행규칙」 별표 5 제1호의 비고 제5호에 해당하는 경우에는 최대 +15dB까지 보정한 값을 최대배출기준으로 한다.

 나. 진동의 최대배출기준은 75dB(V) 이하로 한다. 다만, 「소음·진동관리법 시행규칙」 별표 5 제2호의 비고 제4호에 해당하는 경우에는 최대 +10dB까지 보정한 값을 최대배출기준으로 한다.

3. 수질오염물질

 가. 수질오염물질의 최대배출기준은 영 별표 1에 따른 업종별로 다음과 같이 정한다.

  1) 영 별표 1 제1호 및 제2호에 따른 업종

항목	최대배출기준(mg/L)
총유기탄소량	22 이하
부유물질량	30 이하
총질소	60 이하
총인	2 이하

2) 영 별표 1 제6호에 따른 업종

항목	최대배출기준(mg/L)
총유기탄소량	28 이하
부유물질량	40 이하
총질소	50 이하
총인	6 이하

3) 영 별표 1 제13호나목부터 마목까지 및 제14호에 따른 업종

항목	최대배출기준(mg/L)
총질소	50 이하
총인	6 이하

4) 영 별표 1 제15호에 따른 업종

항목	최대배출기준(mg/L)
총질소	40 이하

5) 영 별표 1 제16호에 따른 업종

항목	최대배출기준(mg/L)
부유물질량	60 이하

6) 영 별표 1 제17호에 따른 업종

항목	최대배출기준(mg/L)
부유물질량	50 이하
총인	6 이하

7) 영 별표 1 제20호에 따른 업종

항목	최대배출기준(mg/L)
총질소	50 이하
총인	6 이하

8) 그 밖의 업종

「물환경보전법 시행규칙」 별표 13 제2호가목에 따른 배출허용기준 중 1일 폐수배출량 2천 세제곱미터 미만이면서 지역구분이 가지역에 해당하는 기준 및 같은 호 나목에 따른 배출허용기준 중 지역구분이 가지역에 해당하는 기준을 최대배출기준으로 한다.

비고: 1)부터 7)까지의 표에서 최대배출기준을 정하지 않은 수질오염물질 항목의 경우에는 「물환경보전법 시행규칙」 별표 13 제2호가목에 따른 배출허용기준 중 1일 폐수배출량 2천 세제곱미터 미만이면서 지역구분이 가지역에 해당하는 기준 및 같은 호 나목에 따른 배출허용기준 중 지역구분이 가지역에 해당하는 기준을 최대배출기준으로 한다.

나. 가목에도 불구하고 다음의 구분에 해당하는 오염물질의 경우에는 해당 1)부터 3)까지의 구분에 따른 기준을 최대배출기준으로 한다.

1) 공공폐수처리시설 또는 공공하수처리시설에 배수설비를 통하여 폐수를 유입하는 경우로서, 그 폐수에 포함된 수질오염물질 중 해당 처리시설에서 적정하게 처리할 수 있는 수질오염물질: 「물환경보전법」 제32조제9항에 따른 별도배출허용기준. 다만, 「물환경보전법」 제32조제9항에 따른 별도배출허용기준이 없는 경우에는 같은 법 시행규칙 별표 13 제2호에 따른 항목별 배출허용기준 중 지역구분이 나지역에 해당하는 기준을 적용한다.

2) 「물환경보전법 시행규칙」 별표 13 제1호가목4)에 따른 특례지역의 배출시설에서 폐수를 공공폐수처리시설에 유입하지 않고 직접 방류하는 경우, 그 폐수에 포함된 수질오염물질 중 생물화학적산소요구량, 총유기탄소량 및 부유물질량: 같은 표 제2호가목에 따른 배출허용기준 중 1일 폐수배출량 2천 세제곱미터 미만이면서 특례지역에 해당하는 기준. 다만, 특례지역 중 공공폐수처리구역의 배출시설의 경우에는 「물환경보전법」 제12조제3항에 따른 공공폐수처리시설의 방류수 수질기준을 적용한다.

3) 「하수도법」 제2조제15호에 따른 하수처리구역에서 같은 법 제28조에 따라 공공하수도관리청의 허가를 받아 폐수를 공공하수도에 유입시키지 아니하고 공공수역으로 배출하거나 「하수도법」 제27조제1항을 위반하여 배수설비를 설치하지 아니하고 폐수를 공공수역으로 배출하는 경우, 그 폐수에 포함된 수질오염물질: 「하수도법」 제7조제1항에 따른 공공하수처리시설의 방류수수질기준. 다만, 방류수수질기준이 가목에 따른 최대배출기준보다 높은 경우에는 가목에 따른 최대배

출기준을 적용한다.
4. 악취
악취의 최대배출기준은 「악취방지법 시행규칙」 제8조제1항에 따른 악취의 배출허용기준 중 공업지역에 적용되는 기준을 따른다.
5. 잔류성오염물질
잔류성오염물질의 최대배출기준은 「잔류성오염물질 관리법 시행규칙」 제7조에 따른 잔류성오염물질의 배출허용기준을 따른다.

해당 폐기물처리시설의 종류와 방지시설의 종류, 업종에 따라 환경오염시설의 통합관리에 관한 법률 시행규칙을 이행하여야 하며, 이를 이행하기 위해 필요한 서식들을 [별지]에서 확인할 수 있다. 제21호로 구성된 서식은 총 27개의 서식이 있다.

[별지 제1호서식] 사전협의를 위한 신청서 작성은 다음과 같다.

■ 환경오염시설의 통합관리에 관한 법률 시행규칙 [별지 제1호서식]   통합환경허가시스템(http://ieps.nier.go.kr)에서도 신청할 수 있습니다.

사전협의 신청서

※ 뒤쪽의 작성방법을 읽고 작성하시기 바라며, [ ]에는 해당되는 곳에 √표를 합니다. (앞쪽)

접수번호		접수일시		처리일	35일
신청형식	[ ] 허가 전 사전협의		[ ] 변경허가 전 사전협의		

① 신청인	상호(사업장 명칭)		사업자등록번호	
	성명(대표자)		생년월일	
	전화번호		이메일 주소	
	주소(사업장 소재지)			

② 생산제품현황	업종(한국산업표준분류에 의한 5자리 기재)
	생산품명
	주 원료명

③ 입지 등 현황	공장 소재지			
	용도지역		입지제한지역 해당내역	
	「환경영향평가법」에 따른 전략환경영향평가, 환경영향평가, 또는 소규모 환경영향평가 대상 여부 [ ] 해당 [ ] 해당없음			
	「폐기물관리법」에 따른 환경성조사서 작성 대상 여부 [ ] 해당 [ ] 해당없음			
	「수도권 대기환경개선을 위한 특별법」에 따른 대기관리권역 해당여부 [ ] 해당 [ ] 해당없음			
	공사 착공예정일		설치예정 기간(공사예정 기간)	
	규모	사업장 부지 면적(㎡)	제조시설 면적(㎡)	부대시설 면적(㎡)
	[ ] 수도권 대기오염물질총량관리 대상 : 먼지 [ ]톤/년, SOx [ ]톤/년, NOx [ ]톤/년			
	[ ] 중수도 설치대상		[ ] 관리대상기기 관리대상	

④ 배출시설 등	[ ] 대기오염물질배출시설, 오염물질발생량:[ ]톤/년	[ ] 폐수배출시설, 폐수배출량:[ ]㎥/일
	[ ] 휘발성유기화합물 배출시설	[ ] 비산배출시설
	[ ] 비산먼지 발생사업	[ ] 소음·진동배출시설
	[ ] 비점오염원	[ ] 악취배출시설
	[ ] 잔류성유기오염물질 배출시설	[ ] 특정토양오염관리대상시설
	[ ] 폐기물처리시설	

⑤ 배출 오염물질등(배출 항목) 및 방지시설

공정	배출시설등	용량 및 규격 (HP · kW · ㎥)	조업시간	오염물질등 (전체매체)	배출량 (단위)	방지 및 억제시설

⑥ 최적가용기법 적용 여부   [ ] 적용   [ ] 미적용

⑦ 신청내용 : [ ] 배출시설등 및 방지시설 설치·운영 계획에 관한 사항   [ ] 배출영향분석 결과에 관한 사항
             [ ] 허가배출기준의 설정에 관한 사항

⑧ 변경사항	변경사유	변경 전	변경 후

「환경오염시설의 통합관리에 관한 법률」 제5조제1항 및 같은 법 시행규칙 제3조제2항에 따라 사전협의를 신청합니다.

년   월   일

신청인   (서명 또는 인)

환경부장관 귀하

210㎜×297㎜[백상지(80g/㎡) 또는 중질지(80g/㎡)]

위 사전협의 신청서에 대한 작성 요령은 다음과 같다.

1. 신청인이 법인인 경우에는 ① 대표자의 성명란에 성명 대신 직함을 적어야 한다.
2. ② 업종은「산업집적활성화 및 공장설립에 관한 법률」제13조제1항에 따라 공장설립 승인 시 등록된 모든 업종에 대하여 업종명 및 해당되는 업종코드 5자리(세세분류)를 적어야 한다.
3. ③ 공장 소재지가 입지제한지역에 해당될 경우 '입지제한지역 해당내역'란에 자세한 내용을 적어주시고, 환경영향평가 협의기준 설정 여부, 대기관리권역 해당 여부,「수도권 대기환경개선에 관한 특별법」에 따른 총량관리대상 해당 여부,「물의 재이용 촉진 및 지원에 관한 법률」에 따른 중수도 설치 대상 여부,「잔류성유기오염물질 관리법」에 따른 관리대상기기 소유 여부에 √표시하여야 한다.
4. ④ 사업장에 설치될 배출시설등의 해당내역에 √표시한다.
5. ⑤ 공정별 배출시설등, 오염물질등, 방지시설 현황을 기재하여 주시고, 상세내역 및 관련 근거자료는 별도로 첨부하여 제출하여야 한다.
6. ⑥ 최적가용기법 기준서(BREF)의 최적가용기법(BAT) 및 최적가용기법 결론(BAT Conclusion) 적용 여부를 표시하고 상세내용은 허가 신청 시 통합환경관리계획서에 표기한다.
7. ⑦ 사전협의 신청내용에 해당하는 내역에 √표시한다.
8. ⑧ 변경사유에는 변경허가의 해당 근거조항 및 내용을 적는다.

위의 작성 요령을 통해 작성한 사전협의 신청서는 다음과 같은 절차로 처리된다.

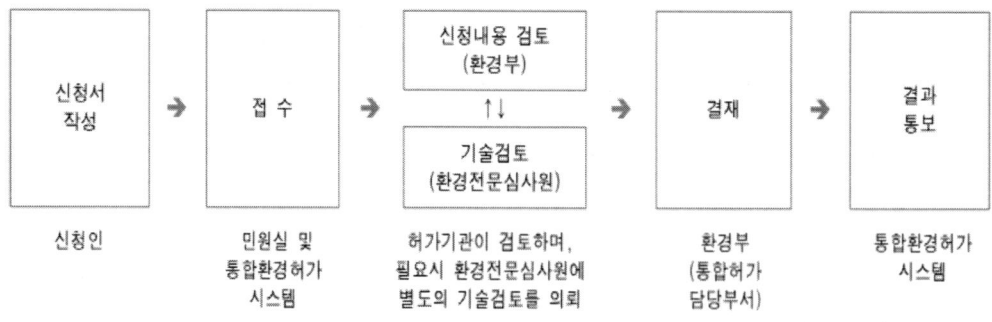

처리된 결과는 다음과 같은 사전협의 결과서를 통해 통보된다.

■ 환경오염시설의 통합관리에 관한 법률 시행규칙 [별지 제2호서식]

결정번호 제 호		
사전협의 결과서		

「환경오염시설의 통합관리에 관한 법률」 제5조제2항 및 같은 법 시행규칙 제3조제3항에 따라 아래와 같이 협의가 되었음을 통지합니다.

신청인	성명	생년월일(사업자 또는 법인등록번호)
	전화번호	
	주소	

결정 내용

신청내용에 대한 종합의견	
배출시설등 및 방지시설의 설치 및 운영 계획	
허가배출기준의 설정	
배출영향분석 결과	
그 밖의 의견	

년 월 일

환경부장관 [직인]

※ 유의사항
- 「환경오염시설의 통합관리에 관한 법률 시행규칙」 제3조제4항에 따라 사전협의 결정을 통지받은 날부터 1년 이내에 통합허가를 신청하여야 합니다. 다만, 사전협의 결과를 반영하기 위하여 상당한 기간이 소요되는 등 부득이한 사유로 1년 이내에 통합허가·변경허가를 신청할 수 없다고 인정되는 경우에는 1년 이내의 범위에서 신청 기간을 연장할 수 있습니다.

210㎜×297㎜[백상지(80g/㎡)]

[별지 제3호서식] 배출시설등 설치·운영허가 신청서, [별지 제4호서식] 배출시설등(변경허가 신청서, 변경신고서), [별지 제6호의2서식] 통합허가대행업(등록, 변경등록) 신청서는 하단 첨부된 파일과 같다.

■ 환경오염시설의 통합관리에 관한 법률 시행규칙 [별지 제3호서식]   통합환경허가시스템(http://ieps.nier.go.kr)에서도 신청할 수 있습니다.

배출시설등 설치·운영허가 신청서

※ 뒤쪽의 작성방법을 읽고 작성하시기 바라며, [ ]에는 해당되는 곳에 √표를 합니다.   (앞쪽)

접수번호	접수일시	처리일	35일(법 제5조제1항에 따라 사전협의를 거친 경우에는 25일)

① 신청인	상호(사업장 명칭)		사업자등록번호	
	성명(대표자)		생년월일	
	전화번호		이메일 주소	
	주소(사업장 소재지)			

② 생산제품현황	업종(한국산업표준분류에 의한 5자리 기재)
	생산품명
	주 원료명

③ 입지 등 현황	공장 소재지			
	용도지역		입지제한지역 해당내역	
	「환경영향평가법」에 따른 전략환경영향평가, 환경영향평가, 또는 소규모 환경영향평가 대상 여부 [ ] 해당 [ ] 해당없음			
	「폐기물관리법」에 따른 환경성조사서 작성 대상 여부 [ ] 해당 [ ] 해당없음			
	「수도권 대기환경개선을 위한 특별법」에 따른 대기관리권역 해당여부 [ ] 해당 [ ] 해당없음			
	공사 착공예정일		설치예정 기간(공사예정 기간)	
	규모	사업장 부지 면적(㎡)	제조시설 면적(㎡)	부대시설 면적(㎡)
	[ ] 수도권 대기오염물질총량관리 대상 : 먼지 [ ]톤/년, SOx [ ]톤/년, NOx [ ]톤/년			
	[ ] 중수도 설치대상		[ ] 관리대상기기 관리대상	

④ 배출시설등	[ ] 대기오염물질배출시설, 오염물질발생량:[ ]톤/년	[ ] 폐수배출시설, 폐수배출량:[ ]㎥/일
	[ ] 휘발성유기화합물 배출시설	[ ] 비산배출시설
	[ ] 비산먼지 발생사업	[ ] 소음·진동배출시설
	[ ] 비점오염원	[ ] 악취배출시설
	[ ] 잔류성유기오염물질 배출시설	[ ] 특정토양오염관리대상시설
	[ ] 폐기물처리시설	

⑤ 배출 오염물질등(배출 항목) 및 방지시설

공정	배출시설등	용량 및 규격 (HP·kW·㎡)	조업시간	오염물질등 (전체매체)	배출량 (단위)	방지 및 억제시설

⑥ 최적가용기법 적용 여부   [ ] 적용   [ ] 미적용

「환경오염시설의 통합관리에 관한 법률」 제6조제1항 및 같은 법 시행규칙 제6조제1항에 따라 배출시설등의 설치·운영허가를 신청합니다.

년 월 일

신청인
(서명 또는 인)

환경부장관 귀하

210mm×297mm[백상지(80g/㎡) 또는 중질지(80g/㎡)]

■ 환경오염시설의 통합관리에 관한 법률 시행규칙 [별지 제4호서식]   통합환경허가시스템(http://ieps.nier.go.kr)에서도 신청할 수 있습니다.

배출시설등 [ ]변경허가 신청서
[ ]변경신고서

※ 뒤쪽의 작성방법을 읽고 작성하시기 바라며, [ ]에는 해당되는 곳에 √표를 합니다. (앞쪽)

접수번호	접수일시	처리일	35일(법 제5조제1항에 따라 사전협의를 거친 경우와 영 별표 2 제2호부터 제4호까지의 사유에 해당하는 경우에는 25일), 변경신고의 경우에는 15일

신청형식	[ ] 변경허가	[ ] 변경신고

① 신청인	상호(사업장 명칭)	사업자등록번호
	성명(대표자)	생년월일
	전화번호	이메일 주소
	주소(사업장 소재지)	

② 생산제품 현황	업종(한국산업표준분류에 의한 5자리 기재)
	생산품명
	주 원료명

③ 입지 등 현황	공장 소재지		
	용도지역	입지제한지역 해당내역	
	「환경영향평가법」에 따른 전략환경영향평가, 환경영향평가, 또는 소규모 환경영향평가 대상 여부 [ ] 해당 [ ] 해당없음		
	「폐기물관리법」에 따른 환경성조사서 작성 대상 여부 [ ] 해당 [ ] 해당없음		
	「수도권 대기환경개선을 위한 특별법」에 따른 대기관리권역 해당여부 [ ] 해당 [ ] 해당없음		
	공사 착공예정일	설치예정 기간(공사예정 기간)	
	규모	사업장 부지 면적(㎡)	제조시설 면적(㎡)	부대시설 면적(㎡)
	[ ] 수도권 대기오염물질총량관리 대상 : 먼지 [ ]톤/년, SOx [ ]톤/년, NOx [ ]톤/년		
	[ ] 중수도 설치대상	[ ] 관리대상기기 관리대상	

④ 배출시설 등	대기오염물질배출시설, 오염물질발생량:[ ]톤/년	폐수배출시설, 폐수배출량:[ ]㎥/일
	휘발성유기화합물 배출시설	비산배출시설
	비산먼지 발생사업	소음·진동배출시설
	비점오염원	악취배출시설
	잔류성유기오염물질 배출시설	특정토양오염관리대상시설
	폐기물처리시설	

⑤ 배출 오염물질등(배출 항목) 및 방지시설

공정	배출시설등	용량 및 규격 (HP·kW·㎥)	조업시간	오염물질등 (전체매체)	배출량 (단위)	방지 및 억제시설

⑥ 최적가용기법 적용 여부	[ ] 적용	[ ] 미적용

⑦ 신청(신고) 내용 :	[ ] 배출시설등 및 방지시설 설치·운영 계획에 관한 사항	[ ] 배출영향분석 결과에 관한 사항
	[ ] 허가배출기준의 설정에 관한 사항	[ ] 사후환경관리계획에 관한 사항
	[ ] 환경오염사고 사전예방 및 사후조치 대책에 관한 사항	

⑧ 변경사항	변경사유	변경 전	변경 후

「환경오염시설의 통합관리에 관한 법률」 제6조제2항 및 같은 법 시행규칙 ([ ]제6조제2항에 따라 변경허가를 신청, [ ]제6조제3항에 따라 변경신고를) 합니다.

년 월 일

신청인   (서명 또는 인)

환경부장관 귀하

210㎜×297㎜[백상지(80g/㎡) 또는 중질지(80g/㎡)]

■ 환경오염시설의 통합관리에 관한 법률 시행규칙 [별지 제6호의2서식] <신설 2021. 7. 1.>

통합허가대행업 [ ] 등록 / [ ] 변경등록 신청서

※ 색상이 어두운 난은 신청인이 작성하지 않으며, [ ]에는 해당되는 곳에 √표를 합니다.

(앞쪽)

접수번호		접수일시	처리기간	10일
신청인	업체명(상호)		법인등록번호 또는 사업자등록번호	
	대표자 성명			
	사무실 소재지		(전화번호 :)	
신청 내용	등록 내용			
	변경등록 내용			

「환경오염시설의 통합관리에 관한 법률」 제11조의2제1항 [ ] 전단 및 같은 법 시행규칙 제9조의2
[ ] 후단
[ ] 제1항   에 따라 통합허가대행업 [ ] 등록   을 신청합니다.
[ ] 제4항   [ ] 변경등록

년   월   일

신청인

(서명 또는 인)

환경부장관   귀하

배출시설등 설치·운영허가 신청의 작성 요령은 다음과 같다.

1. 신청인이 법인인 경우에는 ① 대표자의 성명란에 성명 대신 직함을 적어도 된다.
2. ② 업종은「산업집적활성화 및 공장설립에 관한 법률」제13조제1항에 따라 공장설립 승인 시 등록된 모든 업종에 대하여 업종명 및 해당되는 업종코드 5자리(세세분류)를 적어야 한다.
3. ③ 공장 소재지가 입지제한지역에 해당될 경우 '입지제한지역 해당내역'란에 자세한 내용을 적어주시고, 환경영향평가 협의기준 설정 여부, 대기관리권역 해당 여부, 「수도권 대기환경개선에 관한 특별법」에 따른 총량관리대상 해당 여부, 「물의 재이용 촉진 및 지원에 관한 법률」에 따른 중수도 설치 대상 여부, 「잔류성유기오염물질 관리법」에 따른 관리대상기기 소유 여부에 √표시한다.
4. ④ 사업장에 설치될 배출시설등의 해당내역에 √표시한다.
5. ⑤ 공정별 배출시설등, 오염물질등, 방지시설 현황을 기재하여 주시고, 상세내역 및 관련 근거자료는 별도로 첨부하여 제출하여야 한다.
6. ⑥ 최적가용기법 기준서(BREF)의 최적가용기법(BAT) 및 최적가용기법 결론(BAT Conclusion) 적용 여부를 표시하고 상세내용은 허가신청 시 통합환경관리계획서에 표기한다.

신청인의 신청서 작성 후 민원실 및 통합환경허가 시스템에 접수하여 허가기관이 검토, 필요시 환경전문심사원에 별도의 기술검토를 의뢰후 환경부 통합허가 담당부서에서 결재를 한다. 그 후 통합환경허가시스템에서 결과를 통보하게 된다.

[별지 제4호서식] 배출시설등(변경허가 신청서, 변경신고서)는 다음과 같은 작성요령을 통해 작성하도록 한다. 처리절차는 배출시설등 설치·운영허가 신청의 경우와 같다.

1. 신청인이 법인인 경우에는 ① 대표자의 성명란에 성명 대신 직함을 적어도 된다.
2. ② 업종은「산업집적활성화 및 공장설립에 관한 법률」제13조제1항에 따라 공장설립 승인 시 등록된 모든 업종에 대하여 업종명 및 해당되는 업종코드 5자리(세세분류)를 적는다.

3. ③ 공장 소재지가 입지제한지역에 해당될 경우 '입지제한지역 해당내역'란에 자세한 내용을 적어주시고, 환경영향평가 협의기준 설정 여부, 대기관리권역 해당 여부, 「수도권 대기환경개선에 관한 특별법」에 따른 총량관리대상 해당 여부, 「물의 재이용 촉진 및 지원에 관한 법률」에 따른 중수도 설치 대상 여부, 「잔류성유기오염물질 관리법」에 따른 관리대상기기 소유 여부에 √표시한다.
4. ④ 사업장에 설치될 배출시설등의 해당내역에 √표시한다.
5. ⑤ 공정별 배출시설등, 오염물질등, 방지시설 현황을 기재하여 주시고, 상세내역 및 관련 근거자료는 별도로 첨부하여 제출하여야 한다.
6. ⑥ 최적가용기법 기준서(BREF)의 최적가용기법(BAT) 및 최적가용기법 결론(BAT Conclusion) 적용 여부를 표시하고 상세내용은 허가신청 시 통합환경관리계획서에 표기한다.
7. ⑦ 변경허가 또는 변경신고 신청내용에 해당하는 내역에 √표시한다.
8. ⑧ 변경사유에는 변경허가 또는 변경신고의 해당 근거조항 및 내용을 적는다.

[별지 제6호의2서식] 통합허가대행업(등록, 변경등록) 신청서의 경우 다음과 같은 작성 요령을 따른다.

1. 본 신청서의 작성은 통합허가대행업으로 등록 또는 변경등록을 신청하려는 경우에 작성한다.
2. 등록사항 중 변경등록을 하여야 하는 사항은 아래와 같다.
  가. 업체명
  나. 대표자 성명
  다. 사무실의 소재지
  라. 기술인력

위와 같은 절차들을 거친 후 지적사항이 생겼을 경우 개선의 의무를 이행하여야 하는데, 개선이행을 위한 개선 및 조치계획서와 개선 및 조치 이행보고서를 제출하여야 한다. 그에 대한 서식은 다음과 같다.

■ 환경오염시설의 통합관리에 관한 법률 시행규칙 [별지 제9호서식] <개정 2020. 11. 23.>

통합환경허가시스템(http://ieps.nier.go.kr)에서도 제출할 수 있습니다.

[ ]배출시설등
[ ]방지시설   [ ]개선계획서
[ ]측정기기   [ ]조치계획서

※ 색상이 어두운 난은 제출인이 작성하지 아니하며, [ ]에는 해당되는 곳에 √표를 합니다.

접수번호	접수일시	처리일	처리기간	7일
결정번호 제 호			[ ] 개선명령, [ ] 조치명령	

제출인	상호(사업장 명칭)		사업자등록번호	
	성명(대표자)		생년월일	
	전화번호		이메일 주소	
	주소(사업장 소재지)			
	업종		주 생산품	

개선 사유	
개선 기간	
개선의 내용 및 개선방법	

부적정 운영 기간 및 제한의 내용	시설명 및 측정기기명	(시설번호)	규격	수량	기간
오염물질등의 예상 배출농도 (측정기기가 정상가동된 3개월간의 평균배출농도)	(시설번호)				
	항목				
	농도				

폐수 위탁 처리	위탁처리방법	위탁업체명	위탁처리량 m³/일
예상 평균 배출량	(가스) m³/hr, (폐수) m³/일	일일가동 예상시간	

[ ] 「환경오염시설의 통합관리에 관한 법률」 제14조제1항 및 같은 법 시행규칙 제12조제1항,
[ ] 「환경오염시설의 통합관리에 관한 법률」 제20조제3항 및 같은 법 시행규칙 제20조제1항,
[ ] 「환경오염시설의 통합관리에 관한 법률」 제21조제3항 및 같은 법 시행규칙 제24조제1항에 따라 개선계획서 또는 조치계획서를 제출합니다.

년   월   일

제출인   (서명 또는 인)

유역환경청장, 지방환경청장 또는 수도권대기환경청장 귀하

| 첨부서류 | 1. 배출시설등 및 방지시설 개선계획서
  가. 배출시설등 또는 방지시설 자체의 결함인 경우
    1) 배출시설등 또는 방지시설의 개선명세서 및 설계도 각 1부
    2) 개선기간 중 배출시설등의 가동을 중단하거나 제한하여 오염물질등의 농도나 배출량이 변경되는 경우 이를 증명할 수 있는 서류 1부
    3) 개선기간 중 공법 등의 개선으로 오염물질등의 농도나 배출량이 변경되는 경우 이를 증명할 수 있는 서류 1부
  나. 배출시설등 또는 방지시설 운영상의 문제인 경우 : 오염물질등의 발생량 및 방지시설의 처리능력 명세서 1부
2. 측정기기 조치계획서
  가. 자동측정기기의 부적정한 운영·관리의 내용, 원인 및 조치명세서 1부
  나. 자동측정기기의 운영·관리 진단계획서 1부
  다. 자가측정 계획서 1부
3. 배출시설등 및 방지시설 조치계획서: 개선명세서 및 설계도 각 1부 | 수수료
없음 |

■ 환경오염시설의 통합관리에 관한 법률 시행규칙 [별지 제10호서식] <개정 2020. 11. 23.> 통합환경허가시스템(http://ieps.nier.go.kr)에서도 제출할 수 있습니다.

[ ]배출시설등
[ ]방지시설 [ ]개선이행보고서
[ ]측정기기 [ ]조치이행보고서

※ 색상이 어두운 난은 보고인이 작성하지 아니하며, [ ]에는 해당되는 곳에 √표를 합니다.

접수번호	접수일시	처리일	처리기간	4일 (검사기간 제외)

결정번호 제 호

보고인	상호(사업장 명칭)		사업자등록번호	
	성명(대표자)		생년월일	
	전화번호		이메일 주소	
	주소(사업장 소재지)			
	업종		주 생산품	

배출시설등, 방지시설 또는 측정기기명	
배출시설등, 방지시설 또는 측정기기의 위치	
개선(조치) 사항	
개선(조치) 이행일	

[ ] 「환경오염시설의 통합관리에 관한 법률」 제14조제1항 및 같은 법 시행규칙 제12조제3항,
[ ] 「환경오염시설의 통합관리에 관한 법률」 제20조제3항 및 같은 법 시행규칙 제20조제2항,
[ ] 「환경오염시설의 통합관리에 관한 법률」 제21조제3항 및 같은 법 시행규칙 제24조제2항에
따라 개선(조치)명령을 이행하였음을 보고합니다.

년   월   일

보고인   (서명 또는 인)

유역환경청장, 지방환경청장 또는 수도권대기환경청장 귀하

개선 및 조치 계획서의 처리절차 과정은 제출인이 계획서를 작성하여 민원실 및 통합환경허가 시스템에 접수하면 유역환경청·지방환경청·수도권대기환경청(통합허가 담당부서)에서 검토, 현지확인, 결재의 과정을 거친다. 이후 통합환경허가 시스템에서 통보를 하게 된다. 개선 및 조치 이행보고서에서도 같은 절차를 거치게 된다.

해당 서식들을 토대로 법률 자문 등을 통하여 환경오염시설법 시행규칙을 충분히 이행하여 시대적 흐름에 따라 법률적 위반사항 없이 환경오염시설의 통합관리에 관한 법률을 준수와 친환경적 기술 도입을 적극적이어야 할 것이다.

2.2 통합환경관리 지침서

2.2.1 최적가용기법과 최적가용기법 기준서

통합환경관리가 원활히 이루어지기 위해 원료·재료 등의 선택부터 시설(생산, 배출, 방지)의 설계 그리고 운영 및 관리까지 오염물질 배출을 가장 효과적으로 삭감하며 기술·경제적으로 실제 적용이 가능한 환경관리기법을 선정하여 업종별로 알맞은 환경관리기법에 대한 정보를 제공하는데 이러한 기법들을 최적가용기법(BAT; Best Available Techniques)이라 한다.

또한, 업종마다 필요로 하는 원료, 생산 시설 그리고 오염 물질 배출 현황이 모두 다르므로 업종별로 선정되는 최적가용기법 또한 달라지고 기술적 경제적 기준 또한 상이할 수 밖에 없다. 이러한 이유로 업종별 최적가용기법을 서술하여 사업장에 제공하는데 이를 최적가용기법 기준서라 한다.

2.2.2 최적가용기법 기준서의 법적 지위

최적가용기법은 통합환경관리를 위해 기술·경제적으로 적용 가능한 최적의 환경관리기법이고, 기준서는 각 업종의 최적가용기법의 종류 그리고 그것의 적용을 원활히 돕기 위한 정보 제공의 역할을 하기 위해 존재하기 때문에, 법적 강제성은 가지지 않는다. 현실적으로 같은 업종의 사업장이라고 가정하여도, 각각의 사업장에는 차이가 존재하며 사업장이 위치하는 지역적 특성 그리고 기후적 특성에 따라 기준서에 적혀 있는 모든 최적가용기법을 도입하는 것 자체가 현실적으로 무리가 있기 때문에 사업장에서 긍정적인 영향을 미칠 수 있는 최적가용기법을 기준서에서 취사선택하여 적용하는 것을 목적으로 한다. 기준서에 명시되어 있는 최적가용기법 적용의 여부는 선택사항이라고 할 수 있다.

특히, 최적가용기법 기준서는 개별 사업장이 따르고 있는 보건, 안전상의 법률 그리고 이를 지키기 위해 사업장 내부에서 지정한 운영 지침과 상충할 때 위의 기준들을 침해하지 않는 것을 원칙으로 하고 있다. 하나의 법을 지키기 위해 다른 법을 지키지 않는다는 것은 합리적이지 않으며 사업장에서의 안전 및 보건은 노동권 및 인권과 연계되므로 해당 법률 및 지침을 최대한 존중하는 것을 기본 원칙으로 한다. 또한 사업장 내에서 객관적인 기술에 대한 정보와 해당 정보를 도입하였을 때 오염물질 배출량 그리고 관련 자료들을 보유하였을 시에, 사업장은 최적가용기법이 아닌 특정한 환경관리기법을 대신 선택 가능하며 사업장의 편익과 비용 절감 그리고 안전 등을 추구할 수 있다.

다만, 법적 강제성을 가지지 않는다는 점은 사업장들이 최적가용기법을 도입하는 동기가 무엇인지 의구심을 가지게 하는데 이에 대해 여러 가지 동기가 존재한다.

첫째는 사업장 내에서의 경제성이다. 애초에 최적가용기법을 선정하는 데에 있어 경제성이 큰 기준이기 때문에 기존의 방식이 충분한 경제성을 담보하지 못하던 사업장의 경우 기준서를 활용하여 경제적 이득을 얻을 가능성이 충분하고 이는 사업장이 최적가용기법을 도입할 동기를 제공해준다.

둘째로, 환경부 고시 제2017-16호 사업장의 환경관리 수준 평가방법에 대한 고시를 확인하면 환경부장관은 변경허가를 하거나 허가조건을 검토한 날로부터 3개월 이내에 통합관리사업장에 대한 환경관리 수준 평가를 실시하여야 한다고 명시되어 있다. 이러한 허가조건 및 허가배출기준 검토 주기는 통합환경관리를 실시하고 최적가용기법을 적용한 사업장에 대하여 검토 주기 연장을 실시하여 최적가용기법의 도입을 장려하고 있다.

2.2.3 최적가용기법 기준서(K-BREF)의 구성

　최적가용기법 기준서의 경우 각 업종의 특수성을 존중하여 각각 기준서를 작성하고 있으며, 이에 따라 업종별로 기준서 작성 및 최종 수정 일자는 상이할 수 있다. 하지만 모든 최적가용기법 기준서는 같은 구성을 가지는 공통점을 발견할 수 있는데 이는 다음과 같다.

　해당 업종의 범위를 명확히 정의하며, 해당 업종에 포함되는 제조업의 범위가 무엇들을 포함하는지 구분한다. 그리고 국내에서의 해당 업종의 현황을 작성연도 기준으로 설명한다. 여기에는 해당 업종에 속한 회사와 공장의 수, 총 고용인원 수, 해당 업종이 제조업에서 차지하는 생산액 및 수출액 비율, 시간에 따른 사업구조, 인력구조, 수익구조 등의 변화를 설명한다.

　해당 업종에서 적용되는 주요 공정과 기술들을 서술한다. 주요 공정이라고 함은 제품 생산을 위해 필요한 공정들뿐만 아닌 보다 넓은 의미에서의 사업장 자체에서 담당하는 모든 공정을 뜻한다. 이는 제조를 위해 필요한 원료, 부자재 그리고 에너지를 운송, 생산 그리고 투입하는 공정부터 시작하여, 원료를 준비하고 가공하는 공정, 그리고 특정 화학 물질을 사용하여 원료를 가공하는 경우 그것을 투입하는 공정 전체를 포함한다. 제품을 생산하는 공정은 당연히 서술되며, 이후 제품을 포장 및 운송하는 공정, 생산공정이 최종 제품이 아닌 중간재일시 중간재의 생산, 포장, 운송하는 공정 전반 또한 명시되어 있다. 오염물질 배출 저감을 위한 공정이 따로 존재할 때, 그리고 제품 생산이 끝나고 남는 부산물과 폐기물이 처리가 필요할 때, 이를 담당하는 공정 또한 주요 공정에 편입된다. 이처럼 사업장 전체의 공정 각각을 세세하게 명시하는 이유는 각각의 작은 공정에 최적가용기법이 적용될 여지가 있기 때문이다. 또한, 최적가용기법이 정확히 어떠한 공정에 적용되는지 명확한 정보전달을 위해 기준서는 해당 업종 내에서 최대한 많은 공정을 포함한다.

　해당 업종에서의 오염물질 배출현황에 대한 정보를 서술한다. 업종에서 최종적으로 생산하는 중간재 및 완제품들의 종류에 따라 달라지는 주요 공정들을 살펴보고 다르게 투입되는 원료 및 화학 물질 또한 고려하여 배출되는 주요 오염물질의 종류를 설명한다. 또한 해당 업종에서의 주요 오염물질 배출 현황에 대한 정보 또한 서술한다.

일반 환경관리기법에 관한 내용이 있다. 여기에는 환경경영시스템(EMS) 활용법을 필두로 오염물질 중 주를 이루는 대기 오염물질, 폐수 그리고 폐기물 배출 저감 기법에 대해 다루고 있다. 해당 업종에서 생산되는 기타 오염물질로 분류되는 비산, 악취 및 휘발성유기화합물 배출 저감 기법에 대한 설명도 포함되어 있으며, 소음 진동의 모니터링 기법과 토양 보호 기법까지 서술하여 사업장 전반적으로 배출될 수 있는 모든 오염물질에 대한 저감 기법에 대하여 설명하고 있다. 후술 될 최적가용기법 부분에서 설명되겠지만, 일반 환경관리기법에 서술된 저감 기법을 취사선택하거나 그들을 조합하여 활용하는 것이 최적가용기법이다.

제품별 환경관리기법은 일반 환경관리기법에서 미처 다루지 못하는 저감기법을 설명하기 위해 제작되었다. 업종을 면밀히 살펴보면, 같은 업종 내에서도 생산제품이 다른 경우가 있다. 이때 특정 제품을 위해 활용되는 공정이 다를 수 있고 이러한 이유로 오염물질의 종류 및 그 배출량이 상이할 수 있다. 그러한 이유로 특정 제품들에서 활용되는 특정 공정들의 저감기법을 본 장에서는 다룬다. 일반 환경관리기법과 유사하게, 최적가용기법을 선정하는 데에 있어 제품별 환경관리기법 또한 일반 환경관리기법과 취사선택하거나 함께 조합되어 활용된다.

일반 환경관리기법과 제품별 환경관리기법을 취사선택하거나 조합한 것이 최적가용기법이고 이는 각종 오염물질의 저감과 모니터링을 위해 활용된다. 최적가용기법을 활용하는 것에 있어 이들을 사업장의 배출시설 및 방지시설에 적용할 경우, 이러한 시설들에서 배출되는 오염물질의 배출 농도 범위에 대한 정량적인 수치 설정이 필수적인데 그것을 담당하는 것이 최적가용기법 연계배출수준이다. 최적가용기법을 적용한 시설에 대하여 조건별로 최소값과 최대값을 설정하여 배출량 값이 사이에 위치하도록 설정하는 것이 일반적이다.

유망기법이란 현재 경제성의 미비함 또는 기술력의 부족으로 아직은 상용화되지 못하여 최적가용기법에는 포함되지는 않지만, 미래에 기술의 발전 또는 성공적인 비용절감 그리고 시간에 따른 상용화를 통해 통합환경관리 및 오염물질 저감에 큰 도움이 될 수 있는 기술들을 의미한다. 유망기법은 최적가용기법의 시간에 따른 고도화를 위해서는 필수적이며, 최적가용기법 기준서 또한 시간에 따라 이러한 기술의 발전을 수렴하여 새롭게 수정되기 때문에 유망기술을 미리 파악하고 상용화가 가까워진 유망기술들을 파악해 놓는 것 또한 중요하다고 할 수 있다.

2.2.4 기준서 마련

시간이 경과함에 따라 업종에서의 경제성 및 기술력이 변화하기 때문에 최적가용기법 기준서 또한 시간에 따라 수정되어야 한다. 기준서는 기술작업반을 통하여 수정이 되는데, 이들은 기준서 작성 실무 지원을 위한 전문가 그룹이다. 기준서는 산업현장과 개발되는 기술 전반을 중립적으로 바라볼 수 있는 전문가들이 필요하므로 사업장, 환경, 공정, 학계 그리고 업계의 전문가들이 함께 기술 작업반을 구성한다.

기술 작업반은 기준서 작성을 위해 기술현황조사를 진행한다. 현재 사업장에서 도입되는 기술과 학계에서 새롭게 발표되어 상용화를 위해 개발하는 기술들의 간극을 살피고, 경제성을 평가하는 일련의 과정들이 그것이다. 먼저 기술작업반은 기초자료조사를 진행하고, 사업장을 방문하여 각종 생산, 배출, 방지시설과 최적가용기법 도입의 현황을 살핀다. 또한 설문조사와 현장조사를 진행한 후 기술현황보고서를 작성 완료한다. 기준서는 기술현황보고서를 토대로 수정된다.

[표 2.1] 2023년 5월 기준 업종에 따라 최신화된 최적가용기법 기준서

연도	업 종
2022	폐기물 소각시설, 전기 및 증기 생산시설, 폐기물처리업,
2021	업종공통시설, 자동차부품 제조업, 플라스틱제품 제조업, 알콜음료 제조업, 도축 육류 가공 및 저장처리업,
2020	섬유염색 가공업, 반도체 제조업, 전자부품 제조업, 펄프 종이 및 판지 제조업
2019	비료 및 질소화합물 제조업, 정밀화학산업, 무기화학산업, 석유정제산업,
2017	유기화학산업, 비철금속 제조업, 철강 제조업

2.3 통합환경허가시스템

2.3.1 통합환경허가제도

통합환경허가제도란 오염 매체별로 개별적으로 허가·관리하던 배출시설 관리를 사업장 단위에서 하나로 종합하여 관리하는 선진 환경관리방식이다. 오염물질이 대기, 물 등 환경과 건강에 미치는 영향을 종합적으로 고려하고, 기술·경제적으로 가능한 수단(최적가용기법)을 사업장에 적용하여 오염물질 배출을 최소화한다. 정부는 '환경오염시설의 통합관리에 관한 법률안'을 이해관계자 합의를 거쳐 마련하고 국회에 제출하였다.(2014. 12. 31) 이를 통해 현재 7개 법령, 10개 인허가(대기, 수질, 소음·진동, 악취, VOC, 비점오염원, 토양, 폐기물 처리시설, 비산배출시설) 사업장 단위에서 통합하여 환경오염을 총체적으로 관리 할 수 있는 기반을 마련하였다.

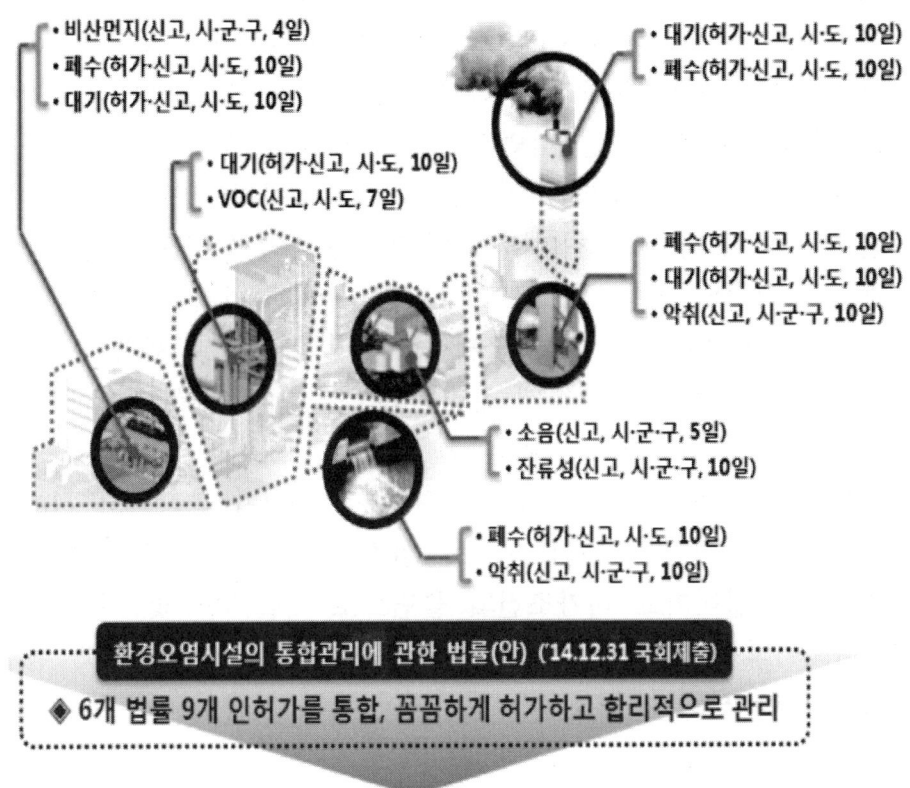

그림 2.1 매체별 분산관리

본 제도 시행으로 수질, 대기, 폐기물 등 환경 분야를 사업장별로 통합관리하여 환경개선 효과를 극대화하고자 하며, 오염물질을 최소화하고 경제성을 갖춘 현재의 최적가용기법을 사업장에 적용하여 기술 발전과 환경개선이 이루어지도록 한다. 또한 업종·시설별 특성과 주변 여건을 반영하여 맞춤형 관리체계를 구축하고 조건과 기준을 주기적으로 검토하며 현장 맞춤 시스템으로 전환하고자 하며, 전문성 있는 환경허가와 사업장에 대한 기술지원을 통해 환경오염시설의 최적관리를 실현하고자 한다. 기업, 전문가, 정부가 함께 최적가용기법을 선정하고 배출기준을 설정, 관리하는 등 환경영향 최소화를 위해 협업체계를 구축하고자 한다.

이러한 통합환경허가제도의 도입은 오염물질의 적정 관리와 현행 허가·관리제도의 문제점을 해소하는 기반을 마련한다. 환경오염물질은 물, 대기 등 여러 매체를 통해 환경적 영향을 미치므로 오염물질 간 상호 영향을 감안하여 전체적인 사업장의 최적관리방안을 찾아 오염물질의 최소화와 환경에 대한 영향을 저감할 수 있다. 환경영향을 감안하여 합리적인 규제를 설정하고, 허가절차 및 지도점검의 통합적인 접근, 기술개발과 적정기술의 적용 등으로 환경과 경제의 시너지를 일으킬 수 있다. 또한 통합환경관리는 이미 국제사회에서 환경적, 경제적 효과가 입증된 환경정책의 방향으로 현재 우리의 불완전한 제도를 개선하고 사업장의 환경관리를 선진화하기 위해 꼭 필요한 제도이다. 현행 제도는 대기, 악취 등 오염물질별로 관리하여 허가 및 관리가 복잡하고 허가권자가 상이하며, 중복점검 등의 문제로 환경개선 효과가 반감된다. 또한 배출조건이 획일적이고 허가조건의 불변으로 기술개발 및 적용 유인이 부재하다. 이렇듯 현재의 비효율적인 제도에 대한 문제 인식과 통합환경관리에 대한 사회적 공감대가 형성되어 있는 지금이 제도 도입의 적기라고 볼 수 있다.

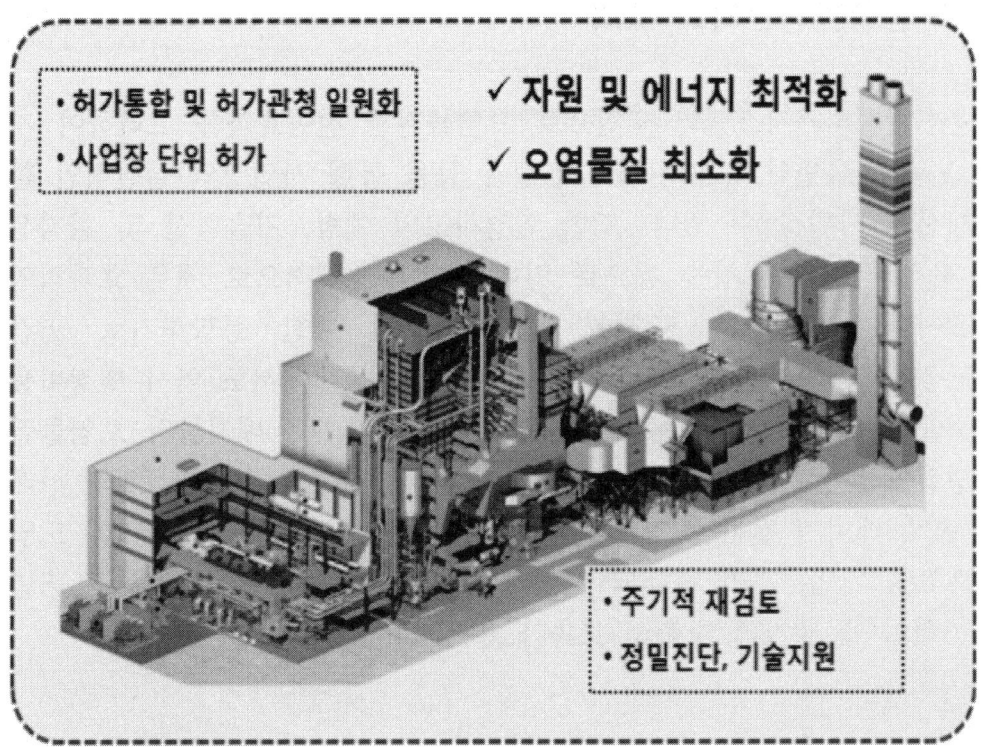

그림 2.2 사업장 통합관리

통합적 환경관리는 산업생태학 원리에 맞는 선진적인 환경관리방식으로 매체별 분산된 환경관리의 비효율성을 인식한 서구 산업국가를 중심으로 시행되고 있으며, 최근에는 개발도상국들도 도입을 추진하는 등 많은 나라에서 도입중이거나 시행되고 있는 선진형 환경관리방식이다. 이렇듯 전세계적으로 최적가용기법을 적용하여 수질, 대기 등 환경오염물질을 통합적이고 효율적으로 관리하고, 배출시설 허가를 주기적으로 검토하도록 하여 생산활동에 의한 환경영향을 최소화하고자 노력하고 있다.

2.3.2 통합환경관리의 효과

통합환경허가시스템의 도입으로 오염물질간 전이효과를 고려하여 저감 노력을 유인하고, 자원에너지 절감 등을 통해 사업장의 실질적인 환경개선이 이뤄질 수 있다. 또한 환경사고의 예방, 기술혁신 및 환경산업 육성과 일자리 창출 등으로 인해 사회적·경제적으로 매우 효과적인 제도이다. EU에서는 52천여 개 사업장에 대한 통합허가로 연간 1.5~3.7억 원 가량 저감된 것으로 추정되며 국내에서도 역시 행정비용 감소를 기대할 수 있다. 또한 영국에서는 대기·수질·폐기물의 오염물질 발생량이 감소된 사례를 보였다. 원료·에너지·용수를 절감한 EU의 사례를 통해 에너지 절감을 기대할 수 있을 것이며, 본 제도를 국내에 도입함으로써 기업투자가 증대되어 연간 3,300억 원 GDP를 창출 및 5년간 6천여 개 일자리 창출의 효과가 추정되고 있다.

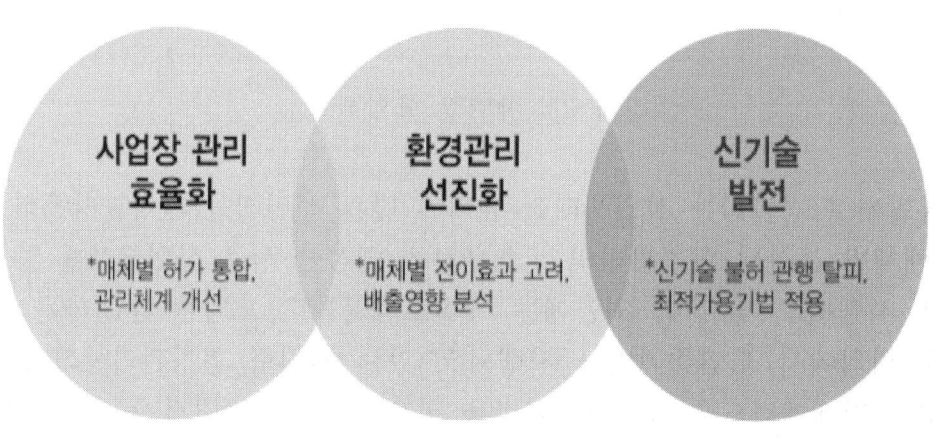

그림 2.3 통합환경관리의 효과

통합환경허가시스템을 통해 하나의 허가기관에서 하나의 허가와 통합된 지도점검을 받게 되고 관련 정보를 공개한다. 또한 정부와 산업계가 최적가용기법 마련을 위해 협력하고, 사업장과 허가기관은 이러한 기술정보를 활용할 수 있게 된다. 사업장 여건에 따라 별도의 배출기준을 설정하고, 허가조건 등을 주기적으로 재검토하여 최적의 사업장 관리체계를 구축한다.

[표 2.2] 통합환경관리 정책의 개선 효과

	과거	개선
사전 준비	공식절차 없음	- 사전협의 공식화 - 기술정보(최적가용기법) 사전 제공
허가 신청	- 9개 허가 복수신청 - 허가서류: 73종 - 제출방식: 서면 제출	- 1개 통합허가 신청 - 허가서류: 1종(통합환경관리 계획서) - 제출방식: 온라인제출(통합환경허가시스템)
검토·결정	- 서류확인 위주 - 주민등록등본 발급식 허가 - 검토과정 비공개, 일방적 결과 통보	- 객관적·전문적 검토 - BAT 기준서 기반, 전문기관의 검토 - 검토과정 조회 및 이의신청 가능
설치·운영	- 획일적 배출 기준 - 배출시설의 비효율적 운영 - 1회 초과, 무허가 물질 배출 시 처벌	- 사업장별 기준 설정 - 통계기반의 합리적 배출시설 운영
사후 관리	- 허가사항 불변 - 매체별 일회성, 적발위주	- 주기적(5~8년) 허가보완, 기술지원 - 통합지도·점검 및 기술진단
	불완전한 허가 - 통합검토 부재/경직적 제도로 과도한 부담	**허가 완결성 제거** - BAT에 기반한 엄격한 기준 적용

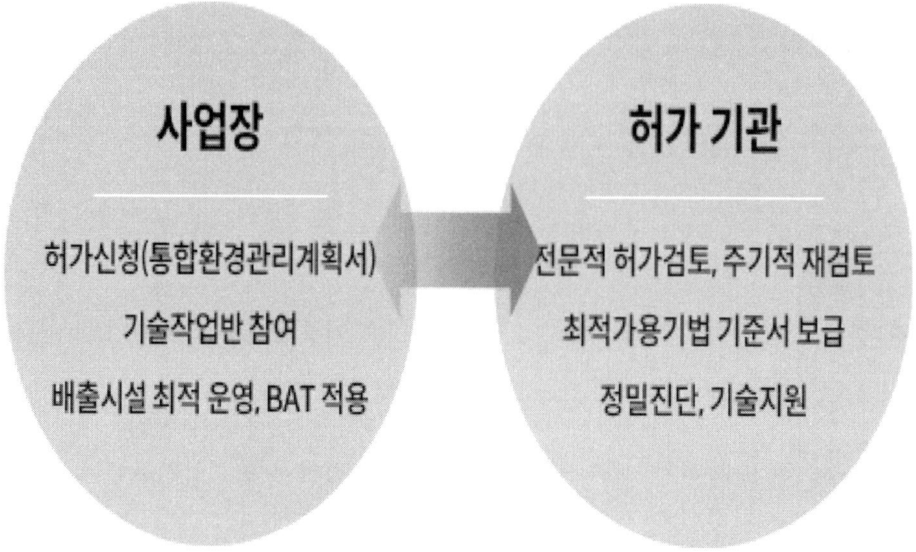

사업장
- 허가신청(통합환경관리계획서)
- 기술작업반 참여
- 배출시설 최적 운영, BAT 적용

허가 기관
- 전문적 허가검토, 주기적 재검토
- 최적가용기법 기준서 보급
- 정밀진단, 기술지원

그림 2.4 우리나라의 통합환경관리 방향

[표 2.3] 통합환경관리의 국내 적용 기대 효과

	과거 분산관리	현재 통합 허가 및 관리
사업장 단위 통합관리	<ul><li>대기오염물질 배출시설</li><li>비산먼지 발생사업</li><li>휘발성유기화합물 배출시설</li><li>소음·진동 배출시설</li><li>폐수 배출시설</li><li>비점오염원</li><li>악취 배출시설</li><li>특정토양오염관리대상 시설</li><li>폐기물 처리시설</li></ul>	<ul><li>배출시설 별 9개 인허가를 사업장 당 하나로 통합</li><li>오염물질 매체간 이동 고려</li><li>통합 지도점검</li></ul>

맞춤형 환경관리	**배출 영향 분석** - 주민 건강과 환경에 미치는 영향 종합분석(프로그램 제공) → 사업장별 허가배출 기준 도출 **사후관리 개선** - 정밀점검 실시, 기술 진단 및 지원
허가사항 재검토	**현실 반영** - 허가조건 및 허가배출기준을 주기적(5~8년)으로 검토, 필요 시 변경
투명하고 과학적인 허가	**최적가용기법 기준서** - (허가권자) 전문적 허가 검토 (사업장) 기술정보 활용, 최적 환경관리방안 마련 - 기타 허가 정보 공개, 통합환경허가시스템을 통한 종합 서비스 제공 등

제3장
최적가용기법 선정 및 허가배출기준 결정

3.1 기술작업반

3.2 환경 범위 설정

3.3 최적가용기법 선정을 위한 자료 수집

3.4 최적가용기법 선정 기준

3.5 최적가용기법 연계 배출수준 및 환경성과수준 선정

3.6 최적가용기법 개정

3.7 최적가용기법 기반 허가배출기준

에듀컨텐츠·휴피아
CH Educontents·Huepia

3.1 기술작업반

최적가용기술은 전통적인 패러다임인 규제 제안-공청 기간-최종 규제의 범위를 넘어서는 참여적 접근방식에 기반을 둔 산업 배출 규제 수단을 제공한다. 서로 다른 이해집단의 균형 잡힌 대표성을 확보하기 위해 이 과정에 폭넓은 이해당사자를 참여시키는 것이 좋다. 이를 위해서는 모든 관련 이해관계자가 참여하여 의견을 개진할 기회를 갖도록 하고, 기술정보에 기여하고, 업계의 세부적인 기술적 측면에 대한 논의에 참여할 수 있는 능력과 자원을 확보해야 한다. 이를 통해 이해관계자는 정보를 공유하고 관련 환경 문제 및 해결 수단을 상호 이해할 수 있다. 참여적 접근법은 (예: 시민의 환경적 관심사) 서로 다른 이해관계를 이해하고 생산된 BAT 기준서에 반영되도록 보장하므로 더 나은 결과를 도출하는 경향이 있다. 이해관계자 참여는 또한 산업 사업자를 포함한 관련 행위자에 걸친 허가 조건의 수용성을 증가시킬 가능성이 있다.

BAT와 BAT-AE(P)L을 결정할 때, 정부는 OECD의 규제 정책 및 거버넌스에 대한 위원회 권고(OECD, 2012)의 두 번째 원칙을 준수해야 한다. 즉, BAT와 BAT-AE(P)L이 공익에 봉사하고, 그들에게 관심을 가지고 영향을 받는 사람들의 정당한 요구에 의해 정보를 얻을 수 있도록 투명성과 참여 등 열린 정부의 원칙을 지켜야 한다. 여기에는 BAT 기준서, BAT 결정문 등 BAT 문서를 개발하는 과정에서 모든 관련 이해관계자가 적극적으로 참여하고, 국민이 제안서 초안 작성 과정과 지원 분석의 품질을 극대화하는 데 기여할 수 있도록 온라인 등 의미 있고 효과적인 기회를 제공하는 것이 포함된다. 정부는 BAT 문서가 이해 가능하고 명확하며 당사자들이 그들의 기회와 책임을 쉽게 이해할 수 있도록 해야 한다.

이러한 원칙을 준수하기 위해, 정부는 BAT와 BAT-AE(P)L 결정을 위한 업종별 다중 이해 관계자 기술작업반을 설정해야 한다. 기술작업반의 작업은 기술적으로 유능하고 독립적인 기관(예: BAT 부서)의 도움을 받아야 한다. 감독기구는 물론 기술작업반도 OECD의 규제정책 및 지배구조에 관한 위원회 권고(OECD, 2012) 제7원칙에 따라 운영해야 한다. 즉, 이해의 충돌, 편향 또는 부적절한 영향 없이 객관적이고 공정하며 일관성 있는 기준으로 의사결정을 한다는 더 큰 신뢰를 제공하기 위해 이들의 역할과 기능은 일관성 있는 정책에 기초해야 한다.

기술작업반에는 부처를 대표하는 전문가(인간 보건, 환경, 산업 및/또는 경제 문제), 산업 협회(기술 제공업체 및 사용자 포함), 환경 비정부기구(NGO) 및 과학자가 포함되어야 한다. 기술작업반의 회원은 BAT 기준서 최종 사용자 관점 및 균형 잡힌 관점을 정보 교환 절차에 도입할 수 있는 능력뿐만 아니라 주로 기술, 환경, 경제 또는 규제 전문지식(특히 산업 시설의 허용 또는 검사)에 기초하여 선정되어야 한다. 또한 기술작업반 회원은 관련 산업 분야에 대한 데이터 품질 및 기법에 대한 적절한 전문지식을 갖추는 것이 중요하다. 각 기술작업반에는 서로 다른 이해 집단의 적절한 표현을 보장하기 위해 충분한 수의 관련 참여자가 있어야 한다.

우리나라의 기술작업반은 산업 협회 대표, 설치 운영자, 공정 전문가 및 학자를 포함하여 20-30명의 회원으로 구성된다. 대표자는 환경부 장관이 지명한 후 산업통상자원부 장관이 지명을 검토한다. 산업통상자원부 장관은 일반적으로 환경부 장관의 결정을 따른다. 비정부기구(NGO)는 기술작업반에 관여하지 않지만, BAT 기준서(OECD, 2018)에 대한 검토와 최종 결정을 하는 중앙환경정책위원회에 참여할 자격이 있다.

3.2 환경 범위 설정

환경 범위를 정의하는 것은 BAT와 BAT 연계 배출수준 및 환경성과수준(BAT-AE(P)L)이 적용될 오염물질 및 기타 환경 매개변수를 결정하는 것을 의미한다. 여기에는 무엇보다도 먼저 공기, 물 및 토양에 대한 배출과 폐기물, 에너지 효율성 및 온실가스에 BAT를 적용해야 하는지를 결정하는 것이 수반된다. 두 번째는 이러한 각 범주에 대해 적용해야 하는 오염물질 또는 기타 매개변수를 결정하는 것이다. 일부 국가에서는 BAT의 구현을 위한 산업 업종의 선정 이전에 또는 이와 병행하여 환경 범위를 정의하지만(2.3절 참조), EU와 같은 다른 국가에서 이 과정이 정반대의 순서로 이루어진다. 즉, BAT를 적용할 업종을 먼저 선택하고, 각 업종에 대한 환경 범위는 나중에 관련 BAT에 의해 정의된다.

각 BAT 기준서의 환경 범위는 국가 및 지역 수준에서의 1급 오염물질 뿐 아니라 국제 협약과 관련된 오염물질 목록을 고려하여 표준화된 방법론과 일관적인 기준들에 기초하여 결정해야 한다. 적용 범위는 환경에 중대한 영향을 미치는 모든 매개변수를 포함해야 한다.

BAT 기준서의 적용 범위를 좁히는 것은 중요한 절충과 함께 이루어지며, 각 관할 당국은 주어진 상황에 적합하고 주요 이해 관계자 간의 합의에 기초하여 노력의 우선순위를 정하기 위해 적절한 접근법을 선택해야 한다. 좀 더 제한된 범위를 정의하면 BAT 기준서 개발에 필요한 복잡성과 시간과 자원이 감소하지만, 범위를 제한하는 것에 대해 이해 당사자 간 합의를 도출하는데 시간이 많이 걸리고 어려운 과정이 될 수 있으며, BAT 기준서 작성 또는 검토의 첫 단계를 지연시킬 수 있다. 더욱이 좁은 범위를 정의한다는 것은 대개 데이터가 수집될 뿐이며, 제한된 매개변수 집합에 대해서만 모니터링이 요구된다는 것을 의미하며, 이는 범위 밖에 있는 중요한 환경 문제를 식별하는 것을 어렵게 할 수 있다. 또한 BAT 기준서가 배출량 감소에 미치는 영향을 제한할 수 있다. 반면에 범위가 좁으면 가장 시급한 환경 문제에 자원의 우선순위를 정할 수 있어 오염 방지 및 통제에 대한 비용 효율적인 접근이 가능하다. 또 다른 과제는 환경 범위를 특정 오염물질 집합으로 제한해야 하는지, 아니면 오히려 산업 전체의 환경 영향 감소를 최적화할 수 있는 기법에 집중해야 하는지에 관한 것이다.

3.3 최적가용기법 선정을 위한 자료 수집

3.3.1 자료 수집을 위한 우수한 성능의 시설 식별

AT 및 BAT 연계 배출수준 및 환경성과수준(BAT-AE(P)L)을 결정하기 위해서는 배출 및 소비 데이터와 필요한 상황별 정보를 전 세계에서 가동 중이며 최적의 환경 성과을 보이는 실제 시설로부터 수집해야 한다. 데이터 수집 대상은 해당 업종에 대해 가장 우수한 시설은 물론이고, 정상적 운영 조건에서 하나 이상의 환경적 측면(예: 낮은 오염물질 배출, 낮은 사용량 또는 높은 에너지/물/자재 회수/배출량)에서 양호한 환경적 성과를 보이는 시설들이다.

기술작업반 구성원 첫 미팅에서 초안 목록을 도출할 수 있도록 가능한 한 빨리 데이터 수집을 위한 시설 선정 절차를 시작하는 것이 바람직하다. 또한, 각 기술작업반 구성원이 속한 조직에 대한 설문을 통해 데이터 수집을 위한 우수 시설 목록(최우수 시설 포함)에 대한 의견을 확보할 것을 권고한다. 성능이 우수한 시설은 오염물질 배출량이 적거나 사용량이 적거나 에너지/물/자재의 회수/재활용이 높은 등 하나 이상의 환경적 측면에서 환경적 성과를 반영한다고 간주되는 시설을 말한다.

데이터 수집을 위한 시설 선택 기준에는 다음이 포함될 수 있다.
- 환경 성과
- BAT 후보의 사용
- 생산 용량 – 소형 및 대형 모두
- 연식 – 새롭거나 오래된 것 모두
- 공정 – 단일 및 다중 제품, 연속 및 회분식
- 시설 범주 – 결정된 모든 시설 범주의 대표

- 지리적 분포 – 특히 기후 조건이 관련된 경우 해당 업종에 시설이 있는 모든 지역의 대표
- 전용 접근 방식이 필요할 수 있는 제품/공정

3.3.2 자료 수집

데이터 수집을 위한 시설이 식별되면 기술작업반은 기술적으로 유능하고 독립적인 기관(즉 BAT 부처)의 지원을 받아 제조 기법, 오염 방지 및 제어 기법, 배출 및 소비 수준, 기타 환경 성과 지표, 중요한 상황 정보 등 포괄적인 정보를 수집해야 한다. 화학물질 배출이동량 정보(PRTR)와 배출물 모니터링 데이터베이스는 Measuring the Effectiveness of BAT Policies(OECD, 2019)에서 설명한 대로 배출물 데이터 및 관련 정보의 수집을 크게 촉진할 수 있다.

데이터는 BAT 부처가 초안한 조사를 통해 모집되어야 한다. 충분한 범위의 산업 설비가 근거 수집 및 제출에 참여한다면, BAT를 결정하고 관련 환경 성과 수준을 도출하는 과정은 과학적 증거와 전문가 판단에 기초할 것이다.

기술작업반은 국가 차원에서 데이터를 수집하고 국가 상황과 특수성을 고려하는 동시에, 국제적인 최고 사례와 기존 연구에 기초하는 BAT 및 BAT 연계 배출수준 및 환경성과수준(BAT-AE(P)L)을 설정할 수 있도록 다른 국가의 BAT 기준서(또는 이에 준하는 것)를 참조하거나 국제 협약과 관련된 것을 포함한 여러 국가의 데이터를 고려해야 한다. 이것은 국가 간 환경 성능 요구사항이 조화를 이루는데 도움이 되어, 따라서 BAT 기반 허가가 자국 및 다른 관할지역에서 일관된 적용을 제공하여 산업에 대한 공정한 경쟁의 장을 조성할 수 있다. OECD의 규제 정책 및 거버넌스에 관한 권고(OECD, 2012)의 원칙 12에 따라, 동일한 분야의 협력을 위한 모든 관련 국제 표준과 동일 분야 협력 체제, 그리고 관할지역 밖의 당사자들에게 미칠 수 있는 영향을 고려해야

한다.

규제가 적용되는 집단에서 세분화된 배출물 데이터를 얻는 것은, 산업 운영자들이 정보 및 지적재산권 공개를 꺼리는 등의 문제로 인해 어려운 경우가 있다. 이러한 어려움은 특정 오염물질을 감시하는 법적 의무나 국제적인 이니셔티브를 통해 해결되거나 다른 국가의 데이터와 비교를 통한 추정을 통해 해결될 수 있다.

또한 기술에 대한 정보 수집은 기술 발전을 공유할 수 있는 동적 온라인 환경과 같은 적응형 도구를 통해 촉진될 수 있다. 예로는 미국의 RACT/BACT/LAER Cleaning(US EPA, 2018)이 있다. 국제적 수준의 데이터 공유를 장려하기 위해, BAT를 결정하는 당사자들은 중앙집중화된 사용자 친화적이고 공개적으로 이용 가능한 온라인 포털에서 관련 정보의 교환을 용이하게 하는 조건의 촉진을 고려할 수 있으며, 국가 또는 지역 수준에서 활동하는 이해관계자들이 다양한 국가의 BAT 기준서 및 여러 BAT의 비용 편익과 환경 성능에 쉽게 접근할 수 있도록 허용할 수 있다. 이러한 포털은 기술작업반의 시간을 많이 절약하는 등 각국에서의 정보 수집 및 교환을 촉진하고 지원하며 벤치마킹의 투명성과 기회를 향상시킬 수 있다. 포털의 설정을 용이하게 하기 위해 처음에는 하나 또는 몇 개의 선택된 업종만 다루고 선택된 기법 세트에 집중할 수 있다. 정보의 품질은 적절한 방식으로 통제되어야 한다.

3.3.3 자료 검증 및 평가

데이터 수집 중에 제공된 데이터는 관할 당국이 검증해야 한다. 이러한 당국은 특히 종종 기밀로 취급되는 물과 에너지 소비와 관련된 데이터를 확보하는데 저항에 대비해야 한다.

정보 수집과 분석은 기술작업반에서의 논의와 BAT 부처와의 협력을 통해 작성한 초안을 따라야 한다. 정보 교환 시 BAT 및 BAT-AE(P)L을 결정할 수 있도록 기술, 환경 및 경제 기준에 대한 철저한 평가가 수반되어야 한다. 인간 건강과 환경 보호, 성과 지향 및 통합 접근이 주요한 의사 결정 기준일 경우, 기술작업반의 최종 초안은 별도의 의사 결정 기구에 의해 검토 및 승인될 수 있다.

3.4 최적가용기법 선정 기준

3.4.1 최적가용기법 선정을 위한 일반 원칙

BAT의 결정은 포괄적인 정보 교환 과정과 합의된 BAT의 정의에 기반한 기술작업반의 결정에 근거해야한다. BAT 연계 배출수준 설정 접근 방식과 결합된 BAT의 정의는 접근 방식의 전반적인 환경적 엄격성을 좌우한다.

배출량 감소를 보장하기 위해 BAT는 모든 설비의 현재 성능의 전체 운용 범위가 아니라 선택된 성능 좋은 시설에서 사용하는 기법에 전적으로 기초해야 한다. 이를 통해 성능이 우수한 시설의 성능을 일반화하고 전반적인 개선을 확보할 수 있을 것이다. 기법 선택 시 특정 국가에 설치된 시설에만 국한해서는 안 된다.

BAT 결정은 특허로 인한 제한이 있지 않는 한, 국내에서 생산 또는 판매되는 기술뿐만 아니라 글로벌 시장에서 구매할 수 있는 모든 배출 방지 및 제어 기술을 고려해야 한다. 이를 통해 국가 또는 지역에 걸쳐 조화를 이루고 국제적으로 경쟁하는 BAT 연계 배출수준 및 환경성과수준을 설정하고 일관된 응용 프로그램을 제공하는 업계를 위한 글로벌 수준의 경쟁을 보장할 수 있다. 마찬가지로, 시행국의 경제 상황에 따른 기술의 경제적 가용성 수준을 고려할 때, 글로벌 수준의 경쟁을 타협하지 않는 것이 중요하다.

BAT는 오염물질 배출의 예방과 통제에 관심을 가질 뿐만 아니라, 조정된 자원 사용, 폐기물 방지, 독성물질 대체 및 제조공정 개선과 같은 산업 활동의 환경적 영향을 보다 광범위하게 다루어야 하며, 동시에 정상적인 작동을 방해할 수 있는 영향을 최소화해야 한다.

BAT는 생산 및 저감 기술뿐만 아니라, 보다 광범위한 기술을 포함해야 한다. 즉, 사용되는 기술과 설치가 설계, 구축, 유지, 운영 및 폐기되는 방식 모두를 포괄해야 한다. 이를 통해 산업 운영 전반의 환경 관리를 개선할 수 있다.

BAT를 결정할 때, 기술작업반은 수집된 정보를 바탕으로 우선적으로 예방 조치(예 : 녹색 화학 실행) 및 공정 통합 조치를 설정해야 하며, 그 이후에 처리 기술을 설정해야 한다. 일반적으로 공정 통합 기술은 자원 효율적이므로 비용 효율적이며 대체로 운영자들의 우선적으로 선택하게 된다. 사후 처리 기술은 일반적으로 더 비싸고 매체 간 영향을 수반하며 예방 기술과 달리 오염 형성을 방지하지 않는다는 점에서 근본적으로 제한된다.

3.4.2 최적가용기법 선정 핵심 기준

BAT의 결정은 기술적, 환경적, 경제적 측면을 포괄하는 일련의 보편적 기준에 근거해야 한다. IED에서 권장하는 기준은 BAT 선정 핵심 기준은 다음과 같다.

- 폐기물 발생량이 낮은 기술 사용
- 덜 위험한 물질 사용
- 적절한 경우, 공정 및 폐기물 처리 시 생성 및 사용 물질의 회수 및 재활용 촉진
- 산업 규모에서 성공적으로 적용된 공정, 시설, 운영 방법
- 과학적 지식과 이해의 기술적 진보와 변화
- 관련된 배출의 성격, 효과 및 양
- 신규 또는 기존 설비의 시운전 날짜
- BAT를 도입하는 데 필요한 시간
- 공정에 사용된 원료(물 포함)의 소비 특성 및 에너지 효율성
- 배출이 환경에 미치는 전반적인 영향과 그에 대한 위험을 예방하거나 최소화할 필요성
- 사고를 예방하고 환경에 대한 결과를 최소화해야 할 필요성
- 공공 국제기구가 발행한 정보(EU, 2010)

또한 BAT를 결정할 때 매체 간 및 오염 물질 간 영향을 고려해야 한다. 또한 BAT 연계배출수준을 설정할 때는 국제 협약이나 여러 국가에서 유사하게 사용되는 수질 표준 등 최소한의 환경 기준을 고려해야 한다. 각국은 이러한 표준에 대한 정보 교환을 용이하게 하기 위해 노력해야 한다.

후보 기법을 평가할 때, 기술작업반은 경제적 측면을 평가하기 위해 비용-편익 분석(CBA) 등 표준화된 방법론을 사용해야 한다. 정부 보조금이나 기타 재정 지원 없이 관련 산업 업종에서 광범위하게 구현될 수 있고, 운영자가 총 재정 비용과 환경 편익을 고려하여 채택함에 어려움이 없는 기법을 우선적으로 고려하는 것이 타당하다. 비용 효과는 다음 방법 중 하나로 평가될 수 있다.

- 기존 투자를 기반으로 한 비용 효과 평가
- 기술에 대한 비용 효과 곡선 작성 및 기술의 특정 적용 위치 평가
- 잠재 가격에 기초한 비용 효과 평가

대기오염물질과 관련된 기법의 비용-편익 분석(CBA)에 대해, Value of Statistical Life approach(US EPA)을 사용하기 위해 OECD의 Mortality Risk Valuation in Environment, Health and Transport Policies (OECD, 2012)의 채택을 고려할 수 있다.

우리나라의 경우, 기술작업반은 수집된 정보를 평가하고 환경부와 협력하여 BAT 후보 선정을 실시한다. 최종 후보 기법의 평가에는 기술작업반의 산업 운영자와 전문가가 제공한 정보에 근거한 조사, 기본 데이터 분석, 각 기법과 관련된 오염물질의 배출 현황에 대한 면밀한 조사 및 분석, 모니터링 데이터의 상세 분석(OECD, 2018)이 포함된다. 기법의 평가는 기술작업반이 환경의 질, 즉 산업 설비를 둘러싼 영역에서 다양한 기법이 환경에 미치는 영향과 같은 환경의 질에 중점을 두고 기술, 환경 및 경제적 측면과 적용가능성에 기초하여 수행한다. 경제 기준 평가는 표준화된 방법론을 개발 중에 있으며, 현재는 사례별로 수행된다.

3.5 최적가용기법 연계 배출수준 및 환경성과수준 선정

3.5.1 최적가용기법 연계 배출수준 및 환경성과수준

기술작업반(TWG)은 배출 수준(BAT-AEL) 및 BAT와 관련된 기타 환경 성능 수준(BAT-AEPL)을 결정해야 한다. 기술작업반은 다른 BAT-AEPL과 함께 농도 및 부하 기반 BAT-AEL을 모두 도출해야 한다. 가령, 물 그리고/또는 에너지 소비/효율; 이를 위해서는 모든 관련 매개 변수에 대해 TWG에 충분한 최신 데이터가 제공되어야 한다. 각 BREF에 대한 TWG가 BAT-AEL 및/또는 BAT-AEPL이 적합한지, 사용 가능한 데이터가 이를 생성하는 데 적합한지 평가하는 것이 중요하다.

BAT-AEL의 단위는 일반적으로 배기 가스 또는 폐수의 농도(예 : 대기로 배출되는 경우 mg/Nm^3 또는 물로 배출되는 경우 mg/L)로 설명되어야 하며 이는 허가 조건 준수 여부를 빠르게 모니터링할 수 있다. BAT 관련 소비/효율 수준은 제조된 제품 질량(예 : kg/t, MJ/t) 당 소비(예 : 원료, 에너지, 물)로 표현하는 것이 바람직하다. 에너지 및 물 소비의 경우 BAT-AEPL은 원자재 질량 당 소비/사용으로 표현될 수도 있다(예 : MJ/t, m^3/t) (EU, 2012). 생물학적으로 축적될 수 있고 지속적이고 독성이있는 특성을 가진 오염 물질의 경우 절대 부하 기반 한계를 농도 기반 BAT-AEL과 결합할 수 있다.

BAT-AEPL을 설정할 때 여러 국가는 고정된 투자주기를 갖고 있으며 개조 측면을 반영하는 적응 경로가 필요한 기존 공장/설치와 신규 공장/설치 또는 주요 업그레이드를 수행하는 시설을 구별하기를 원할 수 있다. 수정을 더 쉽게 구현할 수 있다. 기존 플랜트/설치에 대한 BAT-AEPL을 설정할 때 정상적인 운영 조건에서 환경 성능이 달성되었다는 점을 고려할 때 성공적인 선두 주자는 기준점으로 간주할 수 있다.

3.5.2 최적가용기법 연계 배출수준 및 연계환경성과수준 설정을 위한 권장사항

BAT-AE(P)L 설정에 있어 OECD(2020)에서 권장하는 사항은 다음과 같다.
1) BAT-AE(P)L는 BAT를 적용한 설비의 환경 성능 또는 정상 작동 조건에서 BAT의 조합을 기반으로 설정되어야 한다. 단, 일부 국가에서는 반대 방식으로, 즉 목표 배출 수준을 먼저 설정하고, 이를 달성할 수 있는 기법으로서의 BAT를 도출하는 방식으로 운영되기도 한다.
2) BAT-AE(P)L은 해당 시설 설비의 가동 자료가 아닌, 이행 수준이 우수한 것으로 규정된 설비에서의 자료에 바탕해야 한다. 이를 통해 성과가 좋은 플랜트의 성능을 일반화하고 전체 산업에서 개선 사항을 확보할 수 있다.
3) BAT-AE(P)L을 설정할 때 TWG는 다양한 국가에서 나온 데이터를 고려해야 한다. 다른 국가 및 지역의 성능 수준을 고려하는 것은 해당 관할권에서 아직 광범위하게 구현되지 않은 기술 또는 다른 관할권에서 더 높은 성능 수준이 보고된 경우에 특히 중요하다. 이는 BAT-AEL이 시간 및 장소별 조건을 기반으로 설정되는 것이 아니라 BAT 사용 또는 여러 BAT의 조합과 관련하여 가능한 최고의 성능을 기반으로 설정하는데 도움을 준다.
4) BAT-AE(P)L은 과학적으로 설정되어야 하며, 정치적으로 협상의 대상이 아니다. 이것이 적절한 방식으로 이루어지도록 보장하기 위해 국가는 통계적 의사 결정과 비교하여 전문가 판단의 이점과 한계를 고려해야 한다. 접근 방식이 적용되는 방식에 따라 BAT-AE(P)L이 순수하게 기술, 환경 및 경제 정보에 대한 증거를 기반으로 하고 정치적 우선순위가 환경 보호 목표를 방해하지 않는다는 것을 보장할 수 있다.

통계적 의사 결정에 기반한 BAT-AE(P)L은 보다 체계적인 접근 방식을 제공하고 해석하기 더 쉽다. 그러나 특정 부문의 설치 수와 이질성 수준에 따라 충분한 통계적으로 대표되는 데이터를 수집하는 것이 어려울 수 있다. 순전히 통계적 접근 방식을 사용하는 또 다른 과제는 BAT-AE(P)L을 설정해야 하는 야망 수준, 즉 보고된 환경 성능의 한도를 설정해야 하는 백분위 수에 대해 적절한 기술 기반을 정하는 것이다(예 : 50번째, 70번째 또는 80번째 백분위 수). 반면에 전문가의 판단은 더 현실적인 접근 방식을 제공할 수 있다. 현실적 한계(수집된 데이터의 부족 또는 부정확, 보고된 데이터의 오류, 특이치, 모니터링 차이 등으로 인한 데이터의 단순 비교 불가 등)는 통계학적 uncertainty를 통해 정량화하는 것이 바람직하다.

5) BAT-AEL과 BAT-AEPL 간 일관성이 있어야 한다. 일부 관할권에서는 일부 BAT-AE(P)L이 다른 국가보다 더 강력한 법적 지위를 갖는다. 당국이 하나의 환경 보호 우선 순위를 다른 우선 순위보다 우선하도록 허용해야 하는 경우 문제가 될 수 있다. 따라서 정부는 BAT-AEL와 BAT-AEPL 간의 일관성을 보장하고 BAT-AEPL을 법적으로 구속력 있게 만드는 것을 고려하는 것이 좋다. 복수의 BAT-AEL이 서로 충돌하지 않는지 확인하는 것도 중요하다. 정부는 또한 BAT-AE(P)L과 모니터링 표준 및 참조 조건 간의 호환성을 보장해야 한다.

6) BAT-AE(P)L과 BAT-정책/규제 간 일관성 있어야 한다. 또한, 관련된 법규, 환경 관련 표준, 국제 조약과도 일관성 있어야 한다.

3.5.3 국내 BAT-AEL 산정 절차

우리나라는 BAT의 정의 후, BAT를 적용한 배출 자료를 통해 BAT-AEL를 선정한다. BAT-AEL 산정 절차는 그림 3.1과 같으며, 배출시설 분류체계 구성, 오염배출 자료 수립 및 분석, 배출오염 물질 산정의 세부 사항을 그림 3.2~3.4에 나타내었다.

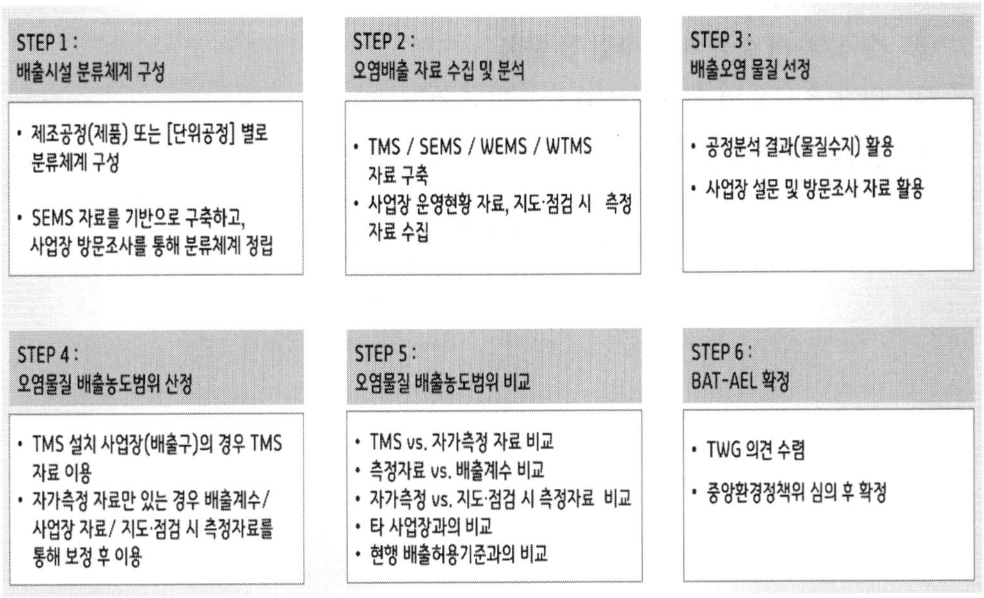

STEP 1 : 배출시설 분류체계 구성
- 제조공정(제품) 또는 [단위공정] 별로 분류체계 구성
- SEMS 자료를 기반으로 구축하고, 사업장 방문조사를 통해 분류체계 정립

STEP 2 : 오염배출 자료 수집 및 분석
- TMS / SEMS / WEMS / WTMS 자료 구축
- 사업장 운영현황 자료, 지도·점검 시 측정 자료 수집

STEP 3 : 배출오염 물질 선정
- 공정분석 결과(물질수지) 활용
- 사업장 설문 및 방문조사 자료 활용

STEP 4 : 오염물질 배출농도범위 산정
- TMS 설치 사업장(배출구)의 경우 TMS 자료 이용
- 자가측정 자료만 있는 경우 배출계수/ 사업장 자료/ 지도·점검 시 측정자료를 통해 보정 후 이용

STEP 5 : 오염물질 배출농도범위 비교
- TMS vs. 자가측정 자료 비교
- 측정자료 vs. 배출계수 비교
- 자가측정 vs. 지도·점검 시 측정자료 비교
- 타 사업장과의 비교
- 현행 배출허용기준과의 비교

STEP 6 : BAT-AEL 확정
- TWG 의견 수렴
- 중앙환경정책위 심의 후 확정

〈그림 3.1〉 국내 BAT-AEL 산정 절차

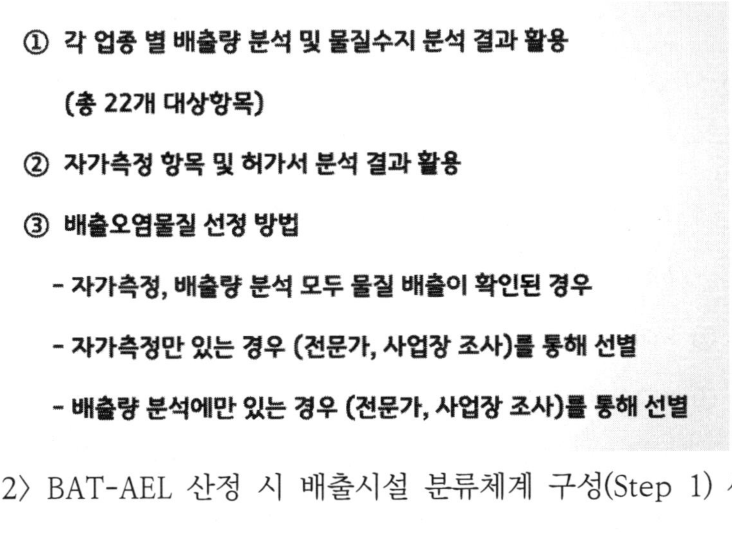

① 각 업종 별 배출량 분석 및 물질수지 분석 결과 활용

 (총 22개 대상항목)

② 자가측정 항목 및 허가서 분석 결과 활용

③ 배출오염물질 선정 방법

 - 자가측정, 배출량 분석 모두 물질 배출이 확인된 경우

 - 자가측정만 있는 경우 (전문가, 사업장 조사)를 통해 선별

 - 배출량 분석에만 있는 경우 (전문가, 사업장 조사)를 통해 선별

〈그림 3.2〉 BAT-AEL 산정 시 배출시설 분류체계 구성(Step 1) 세부 사항

① 대기배출 관련 자료 수집 및 분석 : SEMS, TMS(CleanSYS), POPs

② 수질관련 자료 수집 및 분석 : WEMS, WTMS(SOOSIRO)

③ 정기/수시 점검 자료 수집 및 분석

④ 각 배출시설 별 적용된 배출계수 자료 수집

⑤ 사업장 운영현황 자료(활동도, 방지시설, 약품투입량 등)

수집자료를 이용한 데이터베이스 구축

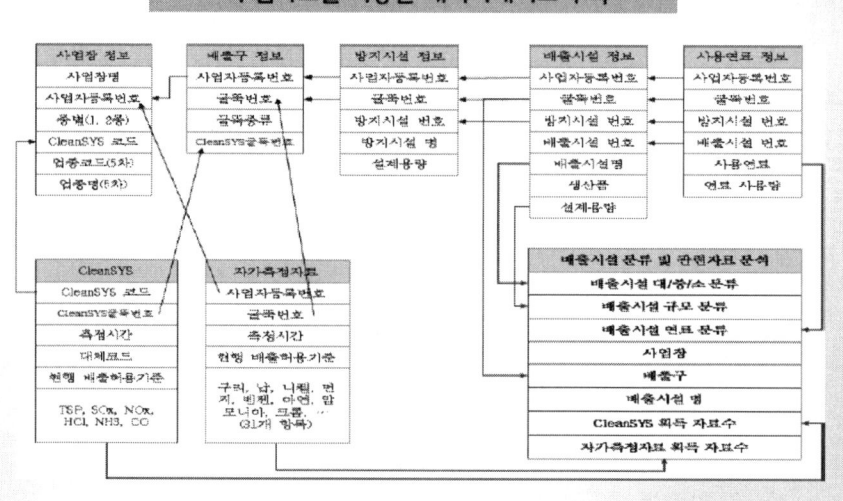

〈그림 3.3〉 BAT-AEL 산정 시 오염물질 자료 수집 및 분석(Step 2) 세부사항

① 각 업종 별 배출량 분석 및 물질수지 분석 결과 활용

(총 22개 대상항목)

② 자가측정 항목 및 허가서 분석 결과 활용

③ 배출오염물질 선정 방법

- 자가측정, 배출량 분석 모두 물질 배출이 확인된 경우
- 자가측정만 있는 경우 (전문가, 사업장 조사)를 통해 선별
- 배출량 분석에만 있는 경우 (전문가, 사업장 조사)를 통해 선별

〈그림 3.4〉 배출오염 물질 선정(Step 3) 세부사항

선정된 배출오염 물질 별로 오염물질 배출농도범위를 산정하는 세부 사항(Step 4)는 다음과 같다.

① 배출구(굴뚝) 별로 TMS/자가측정 자료 취합
② 개별 배출구 자료의 신뢰성 분석 (이상값 추출) – Rosner 방법
③ 자료 분석을 통한 중앙값 & 신뢰구간(99%) 내 최대값 결정
④ 분류체계 내 모든 배출구 자료 분석
⑤ 상한값 : 신뢰수준(99%)의 최대값(배출허용기준 고려)
⑥ 하한값 : 분류체계 내 전체 자료의 25%ile 값을 구한 후,
    개별 배출구 자료 중 근접한(상위) 중앙값

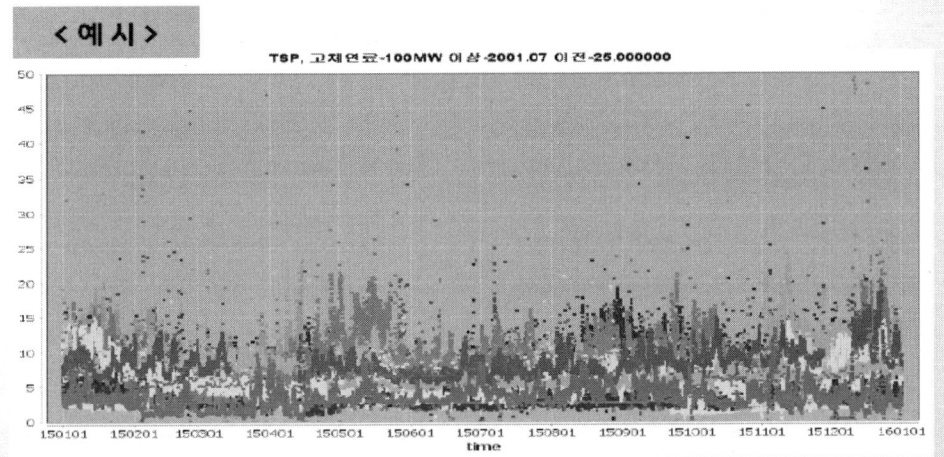

〈그림 3.5〉 BAT-AEL 산정 시 오염물질 배출농도범위 산정(Step 4) 및 세부사항

자료 분석 시 이상값(outlier)의 정의와 추출 방법인 Rosner 법은 그림 3.6과 3.7에 도시하였다.

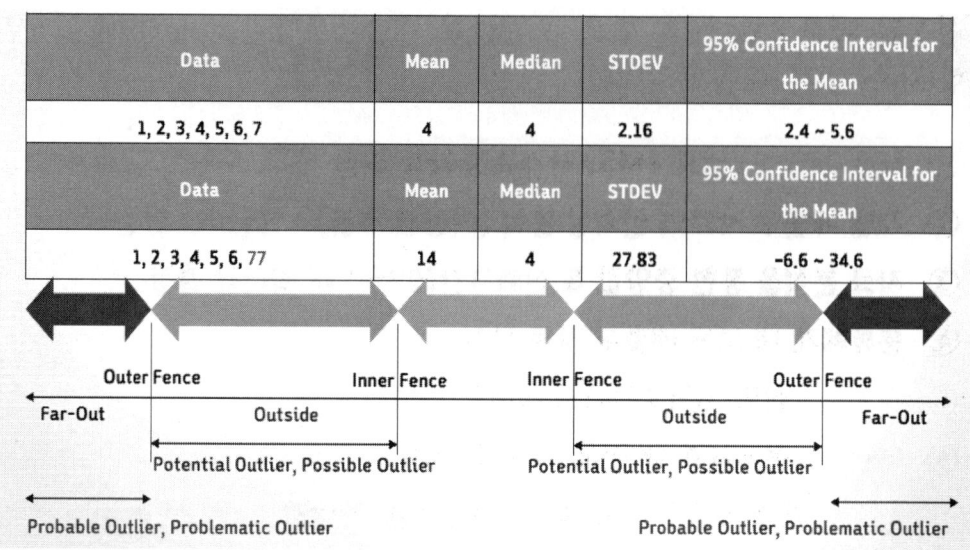

<그림 3.6> 이상자료(outlier)의 정의

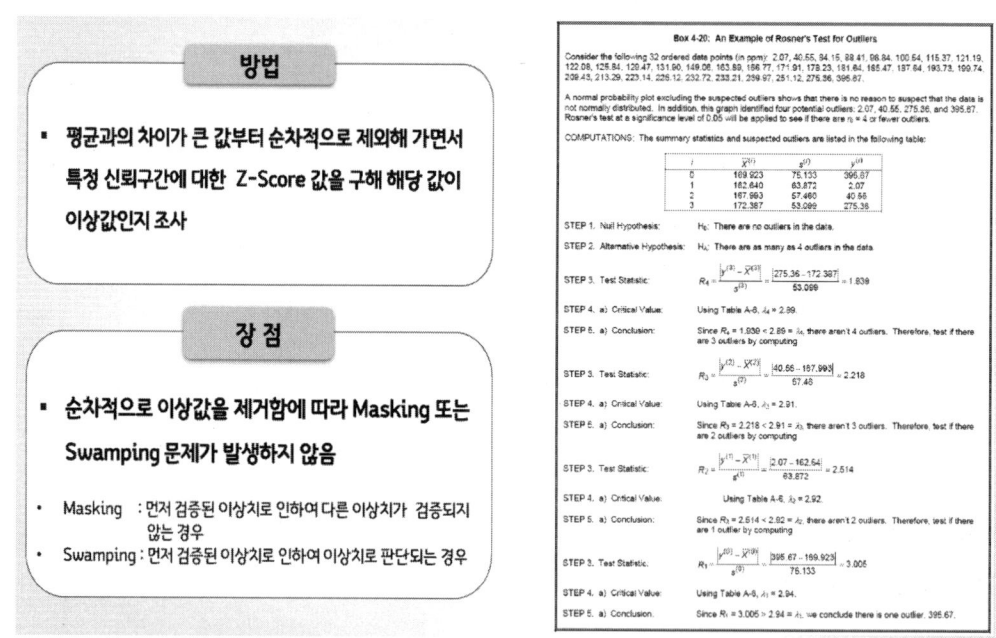

<그림 3.7> Rosner 방법을 이용한 이상값 추출

BAT-AEL 상한값과 하한값을 결정하는 예시를 그림 3.8과 3.9에 도시하였다.

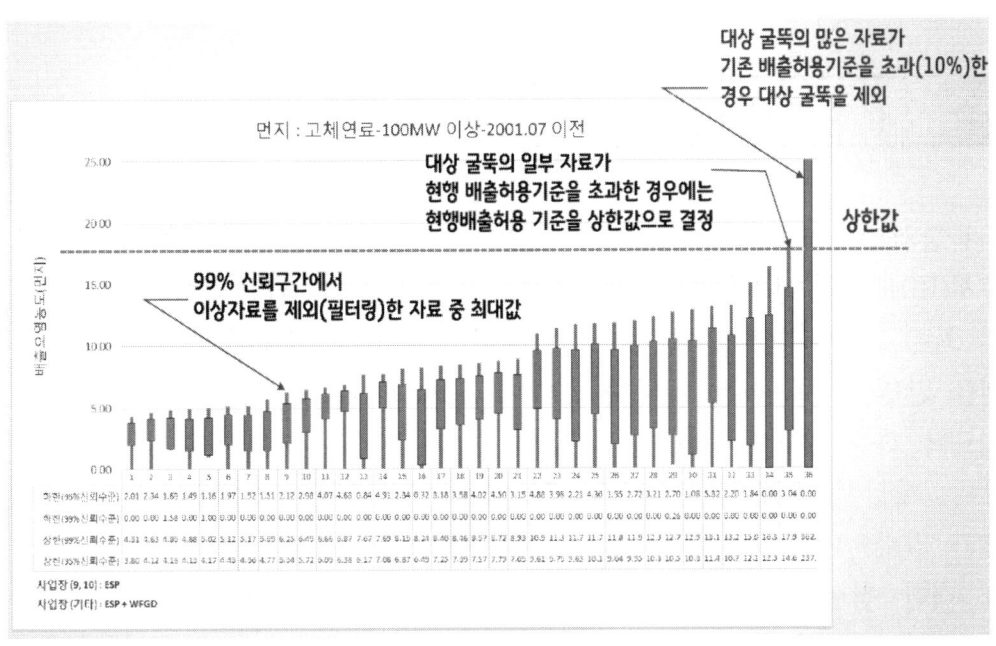

〈그림 3.8〉 국내 BAT-AEL 상한값 결정 예시

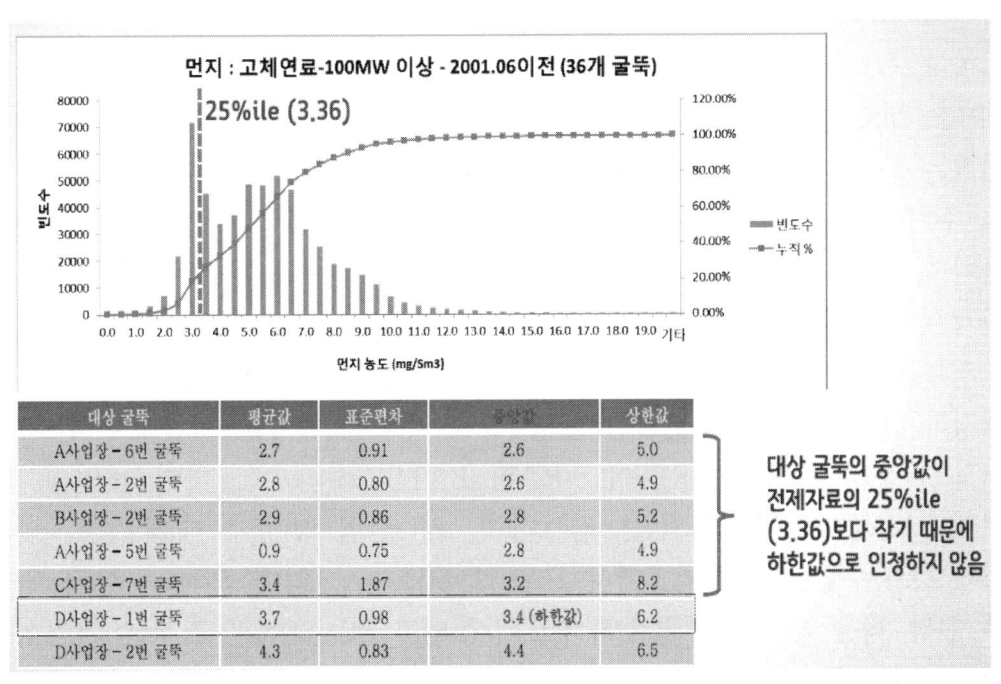

〈그림 3.9〉 국내 BAT-AEL 하한값 결정 예시

3.6 최적가용기법 개정

　통합환경관리의 핵심 요소 중 하나는 기술개발을 고려하여, BAT 기준서(BREF)를 정기적으로 개정하고 BAT와 BAT-AE(P)L가 기준 설비의 최신 기술 개발 및 환경 성능 데이터에 따라 업데이트되어 기술 발전을 반영하도록 하는 것이다. 그리고 그에 따라 허가 조건이 업데이트되도록 하는 것이다. BREF 검토 및 개정 주기는 국가마다 다를 수 있으며, 개정에 투입되는 자원과 예상되는 변화 등을 고려해서 결정할 필요가 있다. BREF 검토는 BAT 후보자의 기술적, 환경적, 경제적 기준에 대한 참여적 평가뿐만 아니라 BREF의 범위 결정과 관련된 절차, 가용 정보에 대한 철저한 검토로 인해 자원 인센티브 및 시간이 많이 소요되는 과정이다. 또 다른 절충은 사업자의 확실성(예 : 투자 회수 측면에서) 대 환경 성능 개선과 관련된다. 또한 특정 분야에서 기법이 얼마나 빨리 진화할 것인지에 대한 기대를 고려하는 것이 필수적이다. BREF 검토가 느릴 경우, BREF 검토가 자주 이루어지더라도 유의미한 변화는 없을 것이다. 따라서 각국은 예를 들어 5-10년마다 최적의 검토 주기를 정해야 한다. 마지막으로, BREF 검토 빈도만이 고려 대상이 아니며, 여기에 허가 갱신 및 새로운 운영 조건 충족이 허용되는 시간까지 추가된다.

　정부는 BREF 작성과 동일한 방법론에 따라 5년마다 한국 BREF를 개정하는데 특히 참조 문서의 현장 적용 가능성 평가를 기반으로 한다. 현장 적용성 평가는 BREF에 나열된 BAT의 수와 비교하여 산업에서 현재 사용중인 BAT의 수를 검토하며, 각 산업 부문에 대해 양적 및 질적으로 수행한다. BREF에서 BAT의 90%가 산업에 의해 구현된 경우 현장 적용 가능성이 우수하다고 간주되고 80~90%의 경우는 가능성이 양호로 평가되며, 80% 미만은 보통으로 평가된다. BAT 현장 적용 가능성에 대한 정성적 평가는 시설 개선 및 산업 운영자가 도입한 새로운 기술이 기존 BREF에 등재되었는지 여부를 면밀히 살펴 보는 것으로 구성된다(OECD, 2019).

3.7 최적가용기법 기반 허가배출기준

3.7.1 최적가용기법 기반 허가 조건의 핵심 사항

산업 설비에 대한 환경 허가는 OECD IPPC에 관한 법률(OECD, 1991)에서 규정한 오염 방지 및 통제에 대한 통합된 접근방식을 취해야 한다. 허용 당국에 대한 자세한 지침은 OECD의 EECCA 국가 통합 환경 허용 지침(OECD, 2005)에서 확인할 수 있다.

허가서에는 배출 제한 값(ELV) 및 기타 BAT-AEPL 기반 허가 조건과 빈도, 기준 조건, 보고 기간 및 관련 기술 요건과 같은 모니터링 표준이 포함되어야 한다. 허가 조건은 적절한 환경 허가 기관이 설정해야 한다. 이러한 당국은 또한 검사 및 준수 평가를 수행해야 한다. 현지 허가 기관은 현지에서의 필수적인 지식을 고려하여 현장별 세부 평가를 기반으로 견고한 방식으로 허가 조건을 결정할 수 있도록 하는 좋은 수단이 될 수 있다. 현지 수준에서 허가 조건을 설정하는 대안 또는 현지 수준에서 허가가 발급되는 국가 내에서 공평한 경쟁을 지원하기 위해, 정부는 국가 수준에서 적용되는 일반적으로 구속력 있는 규칙을 통해 BAT 기반 요건을 최소 표준으로 설정하는 것을 고려할 수 있다. 이 접근방식은 편차에 대한 유연성을 감소시킬 수 있으며, 따라서 산업에 대한 공정한 경쟁의 장을 보장할 수 있다. 또한, 일반적인 구속력 규칙은 허가 기관이 보다 잘 알고 있는 형식으로 제시될 수 있으며, 따라서 규정 준수를 위해 원하는 기간 내에 BAT-AE(P)Ls의 구현을 촉진할 수 있다.

허가 기관이 ELV를 결정할 때 기술적 및 해석적 어려움에 직면하지 않도록(예 : 양립 불가능하거나 상충되는 표준에 직면) 정부는 BAT-AEL 및 기타 BAT-AEPL을 해석하는 방법에 대한 적절한 지침을 제공해야 한다. 특히 이러한 지침은 다수의 설비에 대한 제한된 노출로 인해 광범위한 지식이 부족한 당국이나 특정 부문에 대한 허가를 가끔만 발급하는 경우에 유용할 수 있다. 정부는 에너지 및 자원 효율과 같은 중요한 순환 경제 목표나 WHO 공기질, 수역의 생태적, 화학적 상태의 양호함과 같은 기타 관련 환경 기준을 훼손하지 않기 위해 BAT-AEPL에 기반한 허가 조건과 ELV 간의 호환성을 보장하는 방법에 대한 지침을 제공하는 것을 목표로 해야 한다. 환경 허가를 받은 산업 사업자는 최소한 동등한 수준의 환경 보호가 보장되는 한 BAT로 정의된 기법을 적용할 의무가 없다. 즉, BAT와 관련된 배출 수준이 법적 구속력을 갖지만, 업계 운영자와 허가 기관은 이행 단계에서 어느 정도의 유연성을 가진다. 설치 환경 및 구성이 다르기 때문에 두 설비에 대한 의무가 얼마나 동일한 지에 대한 불확실성이 항상 존재한다. 허가 기관에 의한 판단이 요구되는 정도까지는 엄격함이 같지 않을 위험이 있을 것이다. 따라서 전체 규제 체제의 일부로 허가 조건 또는 다른 매개변수의 비교와 같은 추가 요건이 필요할 수 있다.

3.7.2 허가 기관에 대한 일반적인 고려사항

산업 운영자들이 투자를 계획하기 위해서는 예측가능성이 중요하므로, 허가 기관들은 철저하기는 하지만 시기적절하게 허가서를 준비하여 이를 수용하는 것을 목표로 해야 한다. 명확한 이정표와 개선 조건을 정의하면 운영자들이 적절한 투자 결정을 내리는 데에도 도움이 된다. 또한, 허가 조건을 측정하고 시행할 수 있어야 정확한 설치 데이터가 BREF의 다음 검토에 반영 될 수 있다. 허가 기관은 허가 보유자 및 업계 협회와의 정기적인 통신 및/또는 설치 검사를 통해 향후 허가 신청에 대한 정보를 찾아야 한다. 또한 허가 기관은 BREF 및/또는 관련 BAT 법률(NEMPL, 2018)에 대한 변경사항을 계속 통보해야 한다. 허가 기관은 지역 산업과의 대화를 유지하면서 허가 조건을 설정할 때

산업 운영자의 잠재적인 압력에 의해 영향을 받지 않도록 주의할 뿐만 아니라 불일치를 방지하기 위한 조치를 취해야 한다. 허가 기관은 허가를 위해 디지털화된 절차를 사용하는 것을 목표로 해야 한다. 이는 모든 관련 당사자의 절차를 크게 용이하게 하기 때문이다. 허가 조건에 대한 정보와 연간 준수 성과 정보를 전자적으로 제공하고 대중에게 배포해야 한다.

BAT는 정상적인 작동 조건에서 도출되어 적용되고 있다. 중단이 발생하여 배출량이 증가하면 운영은 '정상운전조건이 아닌 상태'(OTNOC)가 된다. 따라서 허가 기관은 OTNOC 기간(시동 및 종료 시 제외)을 규제할 필요가 있다. 즉, 이러한 기간을 등록하는 방법 및 이러한 상황에서 허용되는 연간 운영 시간을 제한하는 방법을 규제할 필요가 있다. IED III 제3장 제37조는 모범 사례의 예를 제시한다. 감속 장비의 고장시 허용되는 운전시간은 120시간으로 제한된다.

3.7.3 허가배출기준 또는 기타 허가 조건 설정 방법

ELV는 적용 가능한 BREF 또는 BAT 결론에 정의된 BAT-AEL 범위의 상한 값(즉, ELV ≤ 상한 값 BAT-AEL 범위)을 초과해서는 안된다. ELV를 설정할 때, BAT-AEL 범위의 상한선을 기본 옵션으로 간주하면 안된다. 허가 기관은 각 설치에 대해 달성 가능한 가장 낮은(즉, 가능한 엄격한) ELV를 설정하는 것을 목표로 해야 한다. ELV는 예외적인 경우에만 BAT-AEL 범위의 상한선으로 설정되어야 한다(예: 새로운 기술을 적용하거나 설치 성능과 관련된 불확실성) ELV는 최소한 현재 성능에 기초해야 하며, 가급적 더 엄격해야 한다. 예를 들어, 최근 3년간 설치가 최근 좋은 성능을 보이는 시설의 경우, ELV를 BAT-AEL 범위의 상한선 보다 낮게 설정해야 한다.

또한 ELV를 설정할 때 허가 기관은 설치의 신규 여부 또는 주요 업그레이드를 수행했는지 여부에 관계없이 다음 측면을 고려해야 한다:
• 설비의 기술적 특성
• 전년도 설비에 대한 배출 모니터링 데이터(측정 불확실성 고려)

- 설비의 지역 조건 및 지리적 특성
- 교차 매체 영향, 교차 오염 물질 영향, 동일한 시설 또는 다른 발생원에서의 상류 오염 부하에 의해 배출되는 오염물질의 누적 영향
- 지역, 국가 및 지역 수준의 관련 환경 기준.

적용 가능한 환경 기준 또는 보건 기준이 BAT로 정의된 기법을 구현하여 달성할 수 있는 조건보다 엄격한 조건을 요구하는 경우, 생태계 및 수생 생물과 인간의 건강을 보호하기 위해 타당하고 필요한 경우 다 엄격한 ELV 및/또는 추가 조치를 허가서에 포함시켜야 한다. 이는 기술 기반 기준과 보건 기반 기준의 공동 사용에 기여하여 환경의 질과 공중 보건의 장기적인 개선을 촉진한다(Robinson and Pease, 1991). BAT-AEL의 준수를 넘어설 수 있도록 설비를 촉진하려면, 허가 기관 및/또는 규제 기관은 최적화된 성능의 이점을 계량화하고 업계 운영자에게 전달해야 한다.

평가에서 BAT-AEL의 달성이 관련 환경 기준의 달성에 영향을 미치지 않는 한, 특정 설비의 환경 편익에 비해 불균형적으로 더 높은 비용을 초래할 것으로 보이는 경우에만 수정이 적용될 수 있다. 설비가 BAT-AELs의 수정을 요청하는 경우, 설비(허용 기관뿐만 아니라 허가 기관도 요청을 수락해야 함)에 대해 정당성을 제공하도록 요청해야 한다. 평가 수정 절차는 공공 협의의 대상이 되어야 하며, 예를 들어 결정을 내리기 최소 2개월 전에 대중이 효과적이고 시기적절한 의견을 제공할 수 있는 기회를 보장해야 한다. 수정이 허가된 설비는 BAT를 구현하고 모니터링 및 보고 요건을 준수해야 한다. 모든 수정은 최대 5년 동안 제한되어야 하며, 규정 준수를 향한 마일스톤이 정해져 있어야 하고, 이는 공공과 운영자의 이익 사이의 명확한 균형을 반영한다.

ELV가 적절하지 않은 경우, 예를 들어 특정 기술 조치의 처방과 같은 대체 허가 조건을 제안할 수 있다. 예를 들어, 후자의 허가 조건 범주는 모두 유사한 프로세스를 사용하는 소규모 기업 부문에서 가치가 있을 수 있다(Dijkmans, 2000). 또한 BAT-AEPL에 기초한 허가 조건

은 재료, 물 또는 에너지의 소비, 폐기물 발생, 오염물질에 대한 저감 효율성 및 가시적 배출 지속 기간과 같은 매개변수에 대해 설정되어야 한다. 허가된 ELV는 규제 기관에 통지를 받거나 그러한 증가를 허용하도록 요청하지 않고 특정 시설에서 방출되는 오염 물질의 예상치 못한 증가를 방지하기 위해 해당되는 경우 농도 제한 및 질량 배출 제한으로 설정되어야 한다.

최소한 다음의 경우에는 허가조건을 검토하고 필요한 경우 개정해야 한다:

- 설비로 인한 오염이 기존 허가서의 ELV를 업데이트하거나 새로운 값을 허가서에 포함해야 할 정도로 중요한 경우
- 운용 안전성을 위해 다른 기법을 사용해야 하는 경우
- 새로운 또는 수정된 환경 기준(EU, 2010)을 준수해야 하는 경우

EU BAT 결론은 EU 회원국에 걸쳐 다양한 방식으로 국가 법률로 전환될 수 있으며, 잠재적으로 허가서에서 ELV로 설정된 BAT-AEL 범위의 일부에 영향을 미칠 수 있다. 일부 회원국은 당국이 BAT-AEL 범위의 가장 엄격한 끝을 기본 옵션으로 사용하도록 허용할 것을 권고한다. 더욱이 BAT-AELs와 BAT-AEPLs는 법적 구속력이 있는 반면, 다른 BAT-AEPLs는 구속력이 없다는 점을 고려해 허가 기관에 의해 가중치가 다르게 부여될 가능성이 높다. 환경법 시행 및 시행을 위한 유럽 연합 네트워크(IMPEL)는 IED에 따른 허가 및 검사를 위한 단계별 지침서를 발행하였다. 이 문서는 "올바른 일(IED) : 결합 지침"이라고 한다(IMPEL, 2018). 지침서는 무엇보다도 IED에 따른 허가 절차를 설명하며, 하위 단계인 신청, 의사 결정 및 사법 접근의 세 단계를 포함한다. 또한, 이 문서는 검사, 준수 평가 및 집행에 대한 지침을 제공한다.

미국의 경우, 허가 조건을 결정하는 데 도움을 주는 기관(대부분의 경우 주정부 및 시정부)을 허용하는 데 도움이 되는 다양한 자원을 이용할 수 있다. 국가 기술 기반 기준에 대한 연방 문서 문서에 포함된 지침서 또는 지원 자료 외에도, 일반 대중은 국가 데이터베이스인

RACT/BACT/LAER Clearinghouse에 접근할 수 있으며, 이 Clearinghouse는 신청자와 작성자가 오염 방지 및 제어 기술을 만들 수 있도록 돕기 위해 고안된 시설, 프로세스 및 오염 물질 데이터를 저장한다. 200 개가 넘는 대기 오염 물질과 1,000개 이상의 산업 공정에 대한 데이터를 사용할 수 있다. 또한 일부 주에서는 종종 신청자에게 허가 절차, 허가 양식 및 모니터링 프로토콜에 대한 자세한 정보를 제공한다. 소스 범주 또는 콘크리트 배치 공장과 같은 단순한 산업 자원에 대해 주 당국은 일반 허가를 제공하는 경우가 많다. 조건의 예는 온라인으로 볼 수 있다(Micchigan Department of Environment of Environment, Great Lake, 2019). 허용 투명성은 완전한 적용을 받고 BAT 관련 배출 수준 및 허용 조건을 적절히 결정하는 데 도움이 된다.

 EPA는 EPA 지역, 주 및 허가를 받는 사람에게 청정 공기 법 및 청정 수법 허가 프로그램의 이행을 지원하도록 지침을 제공한다. 예를 들어, EPA는 국가 오염 물질 배출 방지 시스템이라 불리는 배출 허용 프로그램에 대한 허가 작성자 매뉴얼과 도구를 허용하는 수많은 청정 공기 법을 개발했다. 주 정부들은 또한 허가 프로그램의 시행을 지원하기 위한 지침을 제공한다. 예를 들어, 국가 표준의 해석과 적용에 있어서 작성자의 허가를 돕기 위해, 텍사스 주는 예에 명시된 규제 요건에 근거하여 흐름도를 준비했다.(MACT를 기반으로 한 유해 대기오염물질 국가배출기준(NESHAP)). 또한 흐름도를 통해 각 설비에 적용할 수 있는 모니터링, 테스트 및 배출 제한 유형을 결정할 수 있다(Texas Commission on Environmental Quality, 2011). 또한, 미국 환경처와 환경처의 파트너는 허가 및 규정 준수를 평가하고 문서로 만드는 것을 포함하여 환경법 준수를 보장하기 위해 수많은 준수 모니터링 프로그램을 운영한다.

참 고 문 헌

EU (1996), Council Directive 96/61/EC of 24 September 1996 concerning integrated pollution prevention and control, https://eur-lex.europa.eu/legal-content/EN/TXT/?uri=CELEX%3A31996L0061.

EU (2010), Directive 2010/75/EU of the European Parliament and of the Council of 24, https://eur-lex.europa.eu/legal-content/EN/TXT/PDF/?uri=CELEX:32010L0075&from=EN.

IMPEL (2018), Doing The Right Things (IED): Combined Guidance: A Step by Step Guidance for Permitting and Inspection, http://file:///S:/Applic/EHS/PROJECTS/PRTR/XX_Best%20Available%20Technology/Activity%204/Literature/FR-2018-17-Tool-Combined-guidance-DTRT-IED.pdf.

Michigan Department of Environment, Great Lakes, A. (2019), MACT and NSPS TECHNICAL RESOURCES and ROP TEMPLATE TABLES, https://www.michigan.gov/documents/deq/deq-aqd-GACT-MACT-NESHAP-NSPS- Templates_459121_7.pdf.

OECD (1991), Recommendation of the Council on Integrated Pollution Prevention and Control, OECD/LEGAL/0256, https://legalinstruments.oecd.org/public/doc/39/39.en.pdf.

OECD (2005), Integrated Environmental Permitting Guidelines for EECCA Countries, https://www.oecd.org/environment/outreach/35056678.pdf.

OECD (2012), Mortality Risk Valuation in Environment, Health and Transport Policies, OECD Publishing, Paris,
https://www.oecd.org/environment/mortalityriskvaluationinenvironmenthealthandtransportpolicies.htm#Executive_Summary.

OECD (2018), Best Available Techniques (BAT) for Preventing and Controlling Industrial Pollution, Activity 2: Approaches to Establishing BAT Around the World, Environment, Health and Safety Division, Environment Directorate,
http://www.oecd.org/chemicalsafety/risk-management/approaches-to-establishing-best-available-techniques-around-the-world.pdf.

OECD (2018), Recommendation of the Council on Establishing and Implementing Pollutant Release and Transfer Registers (PRTRs), OECD, Paris,
https://legalinstruments.oecd.org/en/instruments/OECD-LEGAL-0440.

OECD (2019), Best Available Techniques (BAT) for Preventing and Controlling Industrial Pollution, Activity 3: Measuring the Effectiveness of BAT Policies, Environment, Health and Safety Division, Environment Directorate,
http://www.oecd.org/chemicalsafety/risk-management/measuring-the-effectiveness-of-best-available-techniques-policies.pdf.

OECD (2020), Best available techniques (BAT) for preventing and controlling industrial pollution, Activity 4: Guidance Document on Determining BAT, BAT-Associated Environmental Performance Levels and BAT-Based Permit Conditions

Robinson, J. and W. Pease (1991), "From Health-Based to Technology-Based Standards for Hazardous Air Pollutants", Public Health and the Law, Vol. 81/11, pp. 1518-1523,

Texas Commission on Environmental Quality (2011), Flowchart describing 40 CFR Part 63, Subpart F, https://www.tceq.texas.gov/assets/public/permitting/air/Rules/Federal/63/f/f63f.pdf.

US EPA (2018), RACT/BACT/LAER Clearinghouse (RBLC) Basic Information, http://www.epa.gov/catc/ractbactlaer-clearinghouse-rblc-basic-information.

환경오염시설의 통합관리에 관한 법률, https://www.law.go.kr/LSW/lsInfoP.do?efYd=20220610&lsiSeq=242971#0000

환경오염시설의 통합관리에 관한 법률 시행령, https://www.law.go.kr/LSW/lsInfoP.do?efYd=20230117&lsiSeq=247851#J27:0

환경오염시설의 통합관리에 관한 법률 시행규칙, https://www.law.go.kr/LSW/lsInfoP.do?efYd=20230208&lsiSeq=248087#J15269035

IEPS 통합환경허가시스템 자료실 최적가용기법 기준서, https://ieps.nier.go.kr/web/board/5/?CERT_TYP=6&pMENUMST_ID=95&tab=seven

환경오염시설 통합관리

2023년 7월 10일 초판 1쇄 인쇄
2023년 7월 15일 초판 1쇄 발행

저 자 | 김상현 · 著

발 행 처 | 도서출판 에듀컨텐츠휴피아
발 행 인 | 李 相 烈
등록번호 | 제2017-000042호 (2002년 1월 9일 신고등록)
주 소 | 서울 광진구 자양로 28길 98, 동양빌딩
전 화 | (02) 443-6366
팩 스 | (02) 443-6376
e-mail | iknowledge@naver.com
web | http://cafe.naver.com/eduhuepia
만든사람들 | 기획 · 김수아 / 책임편집 · 이진훈 김예빈 최은진 하지수
디자인 · 유충현 / 영업 · 이순우

ISBN 978-89-6356-418-0 (93530)
정 가 14,000원

ⓒ 2023, 김상현, 도서출판 에듀컨텐츠휴피아

이 책은 저작권법에 따라 보호받는 저작물이므로 무단전재와 무단복제를 금지하며, 책 내용의 전부 또는 일부를 이용하려면 반드시 저작권자 및 도서출판 에듀컨텐츠휴피아의 서면 동의를 받아야 합니다.